Duden Ratgeber

Die 50 wichtigsten Arbeitgeberfragen kompakt

Die besten Antworten vorbereiten und trainieren

Dudenverlag
Berlin

Die **Duden-Sprachberatung** beantwortet Ihre Fragen zu Rechtschreibung, Zeichensetzung, Grammatik u. Ä. **montags bis freitags zwischen 09:00 und 17:00 Uhr.**
Aus Deutschland: **09001 870098** (1,99 € pro Minute aus dem Festnetz)
Aus Österreich: **0900 844144** (1,80 € pro Minute aus dem Festnetz)
Aus der Schweiz: **0900 383360** (3,13 CHF pro Minute aus dem Festnetz)
Die Tarife für Anrufe aus den Mobilfunknetzen können davon abweichen.
Den kostenlosen Newsletter der Duden-Sprachberatung können Sie unter www.duden.de/newsletter abonnieren.

Bibliografische Information der Deutschen Nationalbibliothek
Die Deutsche Nationalbibliothek verzeichnet diese Publikation in der Deutschen Nationalbibliografie; detaillierte bibliografische Daten sind im Internet über http://dnb.d-nb.de abrufbar.

D C B A
Bibliographisches Institut GmbH, Mecklenburgische Straße 53, 14197 Berlin

Redaktion Jürgen Hotz, Dr. Hildegard Hogen, Iris Glahn
Autoren Hans-Georg Willmann, Angelika Rodatus

Herstellung Maike Häßler
Layout init. Büro für Gestaltung
Umschlaggestaltung Büroecco, Augsburg
Satz fotosatz griesheim GmbH
Druck und Bindung Heenemann GmbH & Co. KG, Bessemerstraße 83-91, 12103 Berlin
Printed in Germany

ISBN 978-3-411-74036-9
Auch als E-Book erhältlich unter: ISBN 978-3-411-91144-8
www.duden.de

Benutzerhinweis

Das Vorstellungsgespräch ist der vorläufige Höhepunkt im Bewerbungsprozess. Wer es bis hierher geschafft hat, ist einem Arbeitsvertrag schon sehr nah. Jetzt heißt es, im persönlichen Gespräch mit dem Personalverantwortlichen zu beweisen, dass man die richtige Person für die zu besetzende Position ist. Denn die Selbstpräsentation als Bewerberin oder Bewerber wird darüber entscheiden, ob man die Stelle bekommt. Eine systematische Vorbereitung auf diese ungewohnte Situation, die auch geübte Bewerber nervös werden lässt, lohnt sich deshalb auf jeden Fall.

- Anhand von 50 Fragen, die Personalverantwortliche Bewerbern heute erfahrungsgemäß am häufigsten stellen, können Sie in einem nächsten Schritt Ihre Selbstpräsentation trainieren. Die Anzahl dieser Fragen haben wir bewusst relativ knapp gehalten – nur so ist eine schnelle und effiziente Vorbereitung möglich. Die Themen der Fragen haben wir aber sehr sorgfältig ausgewählt – so können Sie sicher sein, vorab denjenigen Fragen zu begegnen, mit denen Sie im Vorstellungsgespräch sehr wahrscheinlich konfrontiert werden.
- 10 beispielhafte Bewerberfragen geben Ihnen zudem Anregungen dafür, wie Sie herausfinden können, ob das Unternehmen und die Position, auf die Sie sich beworben haben, auch wirklich zu Ihnen passen.
- Auch auf heikle Situationen sollten Sie sich innerlich vorbereiten. 15 Beispiele zeigen Ihnen, wie man im Notfall souverän reagiert. Sorgen Sie so für innere Ruhe und Gelassenheit!
- Mit einer Zusammenstellung der 10 häufigsten Fehler, die Bewerbern immer wieder unterlaufen, erhalten Sie eine weitere Orientierungshilfe.

Wir wünschen Ihnen viel Erfolg mit unserem Ratgeber »Die 50 wichtigsten Arbeitgeberfragen im Vorstellungsgespräch«!

Inhalt

Vorbereitung auf die wichtigsten Arbeitgeberfragen

Jede Frage zeugt vom Interesse des Interviewers an Ihnen.

Arbeitgeberfragen beziehen sich immer auf fünf Bereiche: die Motivation, die Fähigkeiten, die Persönlichkeit und die Besonderheiten des Bewerbers sowie seine Konditionen (Eintrittstermin und Gehaltswunsch). Das macht es Ihnen leichter, sich schnell und zielgerichtet auf das Vorstellungsgespräch vorzubereiten. Nutzen Sie für die Entwicklung Ihrer Antwortstrategien das umfassende Kapitel in dieser Arbeitsmappe, das 50 Fragen enthält, mit denen Bewerber häufig konfrontiert werden!
Personalverantwortliche versuchen, Bewerber mit unterschiedlichen Fragetechniken auf den Zahn zu fühlen. Mit kritischen Fragen wollen sie hinter die Fassade des Kandidaten blicken und eventuelle Schwächen und Ungereimtheiten aufdecken.
Mit einer ausgefeilten Rhetorik können Bewerber solche Einwände, manchmal sogar Angriffe, geschickt parieren. Wichtig ist, dass Sie sich von solchen kritischen Einwänden nicht verunsichern lassen oder gar aggressiv reagieren. Im Gegenteil: Jede Frage zeugt vom Interesse des Interviewers und davon, dass er noch mehr über Sie, den Bewerber, erfahren will. Reagieren Sie deshalb am besten immer konstruktiv auf sachliche Einwände. Denn Personaler messen Kandidaten nicht nur an der Qualität ihrer Argumente, sondern auch an der Art und Weise, wie sie mit Kritik und Gegenmeinungen umgehen.

Einwandtechniken

Lassen Sie sich von kritischen Einwänden nicht verunsichern.

Bei einem Einwand oder einer Frage geht es für den Bewerber erst einmal darum, herauszufinden, warum der Interviewer nachfragt. Hat er vielleicht nur eine Aussage nicht richtig verstanden? Hakt er nach, weil er grundsätzlich eine ganz andere Auffassung hat? Oder will er bewusst provozieren, um die Stressresistenz und die Souveränität des Bewerbers zu testen?

Tipp

Wenn ein Einwand oder eine kritische Frage kommt, worauf der Bewerber nicht sofort eine Antwort parat hat, wendet er die Methode der Wiederholung an – er wiederholt den Einwand mit eigenen Worten. Damit gewinnt er Zeit zum Überlegen: »Verstehe ich Sie richtig, Herr Müller, dass Sie …?«

Führen Sie ein lebendiges Gespräch.

Methode der bedingten Zustimmung

Der Rhetoriktrainer Dr. Albert Thiele empfiehlt für ein lebendiges Gespräch, das trotz unterschiedlicher Ansätze der Gesprächspartner harmonisch verlaufen soll, verschiedene Formen der Reaktion auf Einwände. Bei der Methode der bedingten Zustimmung greift der Bewerber einen Aspekt des Einwands auf und stimmt bedingt zu. Erst dann erklärt er den eigenen Standpunkt auf verständliche Weise und präzisiert oder relativiert ihn:

Beispiele

- »In diesem Aspekt stimme ich Ihnen zu. Ich möchte dazu noch Folgendes erläutern …«
- »Ich bin Ihnen dankbar, dass Sie diesen Punkt ansprechen. Dazu möchte ich sagen, dass …«
- »Ich verstehe Ihren Standpunkt. Wir dürfen jedoch nicht übersehen, dass …«

Bei Fangfragen ist Vorsicht geboten.

Vorteile-Nachteile-Methode

Auf eine Entweder-oder-Frage antwortet der Bewerber diplomatisch, indem er die Vorteile beziehungsweise Nachteile beider Varianten aufführt. Dies schwächt seine Überzeugungskraft nicht. Vorsicht: Entweder-oder-Fragen und Lieber-dieses-oder-lieber-jenes-Fragen sind häufig Fangfragen. Personaler wollen den Bewerber damit in eine Ecke drängen und zu einer einseitigen Antwort verleiten. Damit gibt der Bewerber entweder spontan eine einseitige Neigung zu erkennen, die dann für die Interviewer sehr auf-

schlussreich ist, oder er offenbart seinen Gesprächspartnern, dass er auf eine derartige Frage nicht differenziert antworten kann.
Diese Fähigkeit ist aber in Unternehmen häufig erwünscht, vor allem, wenn es um Verhandlungen geht, die der Bewerber in Verbindung mit den künftigen Aufgaben führen muss.

Referenzmethode

Diese Methode ist vor allem dann geeignet, wenn es um Fachfragen geht. Hier kann der Bewerber seine Argumente untermauern und sein Know-how beweisen, indem er Erfahrungen und Erkenntnisse aus vergleichbaren Unternehmen der Branche und Aussagen von Experten zitiert.

Beispiele

- »Ich bin vollkommen einer Meinung mit Ihnen, was den Entwicklungsstand der Technologie XY anbelangt. Es gibt aber in einigen Unternehmen bereits Erfahrungen, wonach ...«
- »Sie fragen zu Recht nach den Zukunftstrends in diesem Bereich. Auf der vergangenen CeBIT bestätigte sich die Einschätzung des Fraunhofer-Instituts, dass ...«

Verständnismethode

Zeigen Sie Ihrem Gesprächspartner Ihre Wertschätzung.

Zeigt der Bewerber Verständnis für die Fragen und Einwände seiner Gesprächspartner, beweist er ihnen damit seine Wertschätzung. Mit dieser Haltung zeigt er Verbindlichkeit und verringert Distanz.

Beispiele

- »Ich kann Ihre Frage sehr gut nachvollziehen. In den drei Monaten zwischen meinem Ausbildungsabschluss und meiner ersten Anstellung als ...«
- »Ich kann sehr gut nachvollziehen, dass Sie sich einen Bewerber mit etwas mehr Berufserfahrung wünschen. Dazu möchte ich sagen, dass ...«

Umkehrmethode

Negativaussagen können umgekehrt werden, indem sie auf positive Aspekte gelenkt werden. Der Kandidat weist in seiner Antwort auf die positiven Aspekte des Themas hin.

Beispiele

- »Sie haben recht, ich habe noch keine langjährige Berufserfahrung. Dafür bin ich voller Tatendrang und brennend daran interessiert, bei der Entwicklung Ihrer neuen Produktlinie mitzuwirken.«
- »Da sprechen Sie einen wichtigen Punkt an. Das Sabbatical war für mich nicht eine spontane Auszeit, sondern im Vorfeld wohlüberlegt und geplant …«

Diese Antworten auf kritische Fragen sind tabu

Gehen Sie nicht auf Konfrontationskurs.

Wenn ein Personaler einen Einwand vorbringt, ist es wichtig, dass der Bewerber das Gespräch mit seiner Antwort nicht auf Konfrontationskurs bringt. Es geht vielmehr darum, seine Bedenken auszuräumen und das Gespräch positiv weiterzuführen. Ansonsten entsteht bei den Unternehmensvertretern eine Abwehrhaltung und die Chancen, den Job zu bekommen, sinken rapide. Widerlegen Sie Einwände also am besten nicht, sondern beantworten Sie sie konstruktiv.

Auch wenn Sie als Bewerber den subjektiven Eindruck gewinnen, ein Einwand sei sinnlos, unsachlich oder laienhaft – vermeiden Sie unbedingt folgende oder ähnliche Redewendungen bei Einwänden Personalverantwortlicher:

- »Sie haben mich völlig falsch verstanden.«
- »Jetzt passen Sie mal auf, was ich Ihnen zu sagen habe.«
- »Versetzen Sie sich mal in meine Position.«
- »Das habe ich Ihnen doch gerade vorhin schon beantwortet.«
- »Ich sage es gern noch einmal für Sie.«
- »Nein, das sehen Sie falsch.«
- »Sie verstehen den Grundgedanken nicht.«

- »Das ist doch völliger Unsinn.«
- »Diese Frage erübrigt sich doch wohl, oder?«
- »Ihr Einwand passt überhaupt nicht zum Thema.«
- »Warum fragen Sie mich?«

Der Konjunktiv: ein Feind überzeugender Rhetorik

Klare Aussagen sind gefragt.

Es gibt Bewerber – häufig sind es Frauen – die eine Sprache mit vielen Konjunktiven und Wörtern wie »vielleicht«, »bisschen«, »eigentlich« pflegen. In Vorstellungsgesprächen wie im Berufsleben generell kommt der Konjunktiv jedoch überhaupt nicht gut an. Denn hier sind klare Aussagen gefragt. Viel erfolgversprechender ist es, wenn es um Ziele und Karriere geht, selbstbewusst und klar zu formulieren.

Frage 1 Warum bewerben Sie sich für diese Position / ... dieses Unternehmen?

Hintergrundinformation

Seien Sie gut vorbereitet.

Mit der Frage nach dem Grund für Ihre Bewerbung will ein Personalentscheider Ihre Motivation prüfen. Reizt Sie besonders die Aufgabe? Stellt die Position eine logische Weiterentwicklung Ihrer bisherigen beruflichen Karriere dar? Oder interessieren Sie sich in erster Linie für das Unternehmen und die Branche, in der das Unternehmen tätig ist? Um Ihre Antwort vorzubereiten, können Sie im Internet Informationen über das Unternehmen und die Position recherchieren.

Beispiele für Antworten

- »Ich interessiere mich sehr für die beschriebene Aufgabe und verfüge über die nötigen Erfahrungen und Qualifikationen für die Position.«
- »In meiner jetzigen Position führe ich eine vergleichbare Tätigkeit bereits aus, sodass ich sofort einsatzbereit bin.«
- »In der beschriebenen Aufgabe sehe ich eine neue berufliche Herausforderung und Entwicklungsmöglichkeit.«
- »Ich bin von den Produkten / den Dienst-leistungen Ihres Unternehmens über-zeugt.«
- »Ich habe mich auf Ihrer Internetseite über Ihr Unternehmen informiert und bin von Ihrer Unternehmens- und Personalpolitik beeindruckt.«

Tipp

Solche Argumente überzeugen keinen Personaler.

Vorsicht – folgende Gründe sollten Sie lieber nicht angeben, um darzulegen, dass sie gerade für dieses Unternehmen tätig sein möchten:

- Das Unternehmen zahlt besonders gut.
- Es gibt überdurchschnittlich viele Urlaubstage.
- Der Arbeitsweg ist angenehm kurz.
- Sie suchen irgendeine Arbeit.

Formulierungsvarianten der Frage

- Was hat Sie an unserer Stellenanzeige besonders angesprochen?
- Was reizt Sie besonders an der Aufgabe?
- Weshalb wollen Sie gerade für unser Unternehmen arbeiten?

Frage 2 Was wissen Sie bereits über unser Unternehmen?

Hintergrundinformation

Informieren Sie sich über das Unternehmen, bei dem Sie sich bewerben.

Diese Frage zählt zu den am häufigsten gestellten Fragen von Personalverantwortlichen. Motivierte Bewerber interessieren sich für das Unternehmen, bei dem Sie sich bewerben, und informieren sich darüber ausführlich. Immerhin geht es ja um den potenziellen Arbeitgeber, bei dem Sie sich vorstellen. Wer sich auf diese Frage nicht vorbereitet hat, weckt beim Gegenüber Zweifel, ob er wirklich motiviert ist, in diesem Unternehmen zu arbeiten. Bei Ihren Recherchen zur Gesprächsvorbereitung müssen Sie nicht die gesamte Firmengeschichte auswendig lernen. Notieren Sie sich aber Stichworte zu den folgenden fünf Punkten:

- Gründungsjahr der Firma
- Standorte (Filialen)
- Mitarbeiterzahl
- Produkte / Dienstleistungsangebot
- Besonderheiten wie z. B. Arbeitgeberpreise, steigende Aktienkurse, Patentanmeldungen, soziales Engagement der Firma

Tipp

Informationen zum Unternehmen finden Sie in der Regel auf der Firmenwebsite. Aber was tun, wenn das Unternehmen, bei dem Sie sich beworben haben, keine Internetpräsenz hat? Recherchieren Sie in diesem Fall über eine Internetsuchmaschine, indem Sie den Firmennamen und -ort eingeben und z. B. Pressemitteilungen oder andere Informationen über das Unternehmen finden.

Formulierungsvarianten der Frage

- Haben Sie sich über unser Unternehmen informiert?
- Welche Produkte / Dienstleistungen unseres Unternehmens kennen Sie?

Frage 3 Warum wollen Sie auf eine neue Stelle wechseln?

Hintergrundinformation

Sofern Sie sich nicht aus der Arbeitslosigkeit heraus bewerben, wird eine zentrale Frage der Personalverantwortlichen sein, warum Sie Ihren bisherigen Arbeitsplatz verlassen wollen. Die meisten Stellenwechsel entspringen einer Unzufriedenheit. Kaum ein Bewerber wird wechseln wollen, wenn an seinem jetzigen Arbeitsplatz alles zur Zufriedenheit ist. Gründe für eine Unzufriedenheit könnten sein:

- Ärger mit dem Chef,
- zu geringes Gehalt,
- Konflikte mit den Kollegen, Mobbing,
- langweilige Tätigkeit, Unterforderung,
- zu viele Überstunden.

Sprechen Sie nicht schlecht über Ihren Noch- oder Exarbeitgeber.

Vorsicht – sprechen Sie niemals schlecht über Ihre Tätigkeit, Ihren Chef oder das Unternehmen, in dem Sie arbeiten. Zeigen Sie gegenüber Ihrem aktuellen Nocharbeitgeber unbedingt Loyalität. Erzählen Sie auch nichts über Konflikte mit Kollegen und führen Sie nicht ein zu geringes Gehalt oder zu viele Überstunden als Wechselmotivation an. Denn bei Personalverantwortlichen schrillen dabei sofort die Alarmglocken.

Es gilt: Wer heute schlecht über seinen alten Arbeitgeber spricht, wird es morgen auch über seinen neuen Arbeitgeber tun. Wer heute Konflikte mit seinen alten Kollegen hat, wird sie morgen auch mit seinen neuen Kollegen haben. Und wem das Gehalt heute zu gering ist, wird bei der erstbesten Gelegenheit zu einem neuen Arbeitgeber wechseln, wenn der mehr Geld bietet.

So begründen Sie Ihren Wechselwunsch sinnvoll.

Tipp

Die folgenden Begründungen für einen Stellenwechsel sind legitim:

- räumliche Veränderung (Umzug in eine neue Stadt, weil der Lebenspartner dort wohnt),
- berufliche Weiterentwicklung dank Aufstiegsmöglichkeiten oder einer Erweiterung des Verantwortungsbereichs,
- neue berufliche Herausforderung durch neue Aufgabenschwerpunkte.

Formulierungsvarianten der Frage

- Warum wollen Sie sich beruflich verändern?
- Wie passt die Stelle in Ihre bisherige berufliche Entwicklung?

Frage 4 Aus welchem Grund endete Ihr letztes Arbeitsverhältnis?

Hintergrundinformation

Die Fragen 4–6 befassen sich mit der Bewerbung aus der Arbeitslosigkeit heraus.

Bewerben Sie sich aus einer Arbeitslosigkeit heraus, lautet eine zentrale Frage des Personalentscheiders, was der Grund für die Beendigung Ihres letzten Arbeitsverhältnisses war. Haben Sie selbst gekündigt, dann müssen Sie das gut begründen können.

Oder wurde Ihnen gekündigt? Dann müssen Sie zwischen den formalen Kündigungsgründen unterscheiden:

- betriebsbedingte Kündigung,
- verhaltensbedingte Kündigung,
- personenbedingte Kündigung.

Antwortstrategie

Seien Sie genau und ehrlich.

Sie sollten bei der Beantwortung dieser Frage weder auf personenbedingte Gründe eingehen (oftmals eine lang anhaltende Krankheit oder häufige Kurzerkrankungen), noch sollten Sie die wahren verhaltensbedingten Gründe nennen (ein Fehlverhalten, das zu einer fristlosen oder außerordentlichen Kündigung führte).

Nennen Sie lediglich betriebsbedingte Gründe wie z. B. ein von Anfang an befristetes Arbeitsverhältnis, eine Unternehmensinsolvenz oder betriebliche Umstrukturierungen mit Stellenabbau.

Sind es verhaltens- oder personenbedingte Gründe, die zu einer Kündigung geführt haben, müssen Sie sehr genau prüfen, welche Abschlussformulierung in Ihrem Arbeitszeugnis gewählt wurde. Ist daraus zu entnehmen, dass Sie verhaltens- bzw. personenbedingt gekündigt wurden, sollten Sie entwaffnend ehrlich damit umgehen. Antworten Sie auf die Frage nach dem Kündigungsgrund z. B.: »Mein Arbeitgeber und ich haben schon nach kurzer Zeit gemerkt, dass wir einfach nicht zusammenpassen. Unsere Vorstellungen waren zu unterschiedlich.«

Tipp

Vorsicht – die Frage nach dem Kündigungsgrund darf der Arbeitgeber nicht stellen. Sie haben ein »Recht zur Lüge«, wenn eine ehrliche Antwort Ihnen schaden würde. Allerdings sollten Sie darauf achten, dass Sie mit Ihrer Antwort auf diese Frage der Formulierung in Ihrem Arbeitszeugnis nicht widersprechen. Damit würden Sie sich unglaubwürdig machen.

Formulierungsvarianten der Frage

- Warum haben Sie bei Ihrem vorigen Arbeitgeber gekündigt?
- Warum wurde Ihnen in der letzten Firma gekündigt?
- Wurde ein Aufhebungsvertrag geschlossen?
- Wurden Sie freigestellt, und wenn ja: seit wann?
- Haben Sie sich etwas zuschulden kommen lassen?

Frage 5 Was machen Sie aktuell?

Hintergrundinformation

Zeigen Sie, dass Sie ein aktives Leben führen.

Sofern Sie sich aus einer Arbeitslosigkeit heraus bewerben, müssen Sie mit der Frage rechnen, was Sie aktuell machen. Ein Personaler will damit prüfen, ob Sie aktiv sind, ob Sie sich selbst eine Tagesstruktur geben können und ob Sie parallel zu Ihren Bewerbungsaktivitäten noch etwas anderes tun. Je länger Sie arbeitslos sind, desto wichtiger ist es, dass Sie sich für den Arbeitsmarkt fit halten.

Tipp

Wenn Sie in den Monaten der Arbeitslosigkeit gerade nur so viel Energie hatten, einen Bewerbungsmarathon durchzustehen, sollten Sie auf die Frage, was Sie aktuell machen, zumindest einen oder mehrere der folgenden Punkte anmerken:

- intensive Stellenrecherche und Bewerben,
- regelmäßig Sport treiben,
- Familienarbeit,
- EDV-Kenntnisse im Selbststudium erweitern.

Antwortstrategie

Stellen Sie Ihre Bewerbungsunterlagen individuell zusammen.

- Stellen Sie Ihre Bewerbungsaktivitäten mit umfangreicher und intensiver Stellenrecherche und jeweils individuell zusammengestellten Bewerbungsunterlagen in den Vordergrund.

- Wenn Sie parallel noch etwas anderes machen, z. B. regelmäßig Sport treiben, einen Weiterbildungskurs besuchen, sich um die Kinder kümmern oder in einem Verein tätig sind, sollten Sie das ebenfalls anführen.
- Sie sollten Ihre aktuelle Situation der Arbeitslosigkeit auch als Vorteil für das Unternehmen formulieren – denn Sie können sofort als neuer Mitarbeiter zur Verfügung stehen, ohne eine Kündigungsfrist beachten zu müssen.

Formulierungsvarianten der Frage

- Wie sieht Ihr Tagesablauf aus?
- Wie nutzen Sie Ihre freie Zeit?

Frage 6 Warum sind Sie schon so lange arbeitslos?

Hintergrundinformation

Lassen Sie sich nicht provozieren.

Manche Personalentscheider formulieren Fragen bewusst provokativ. Damit wollen sie prüfen, wie Bewerber auf Provokationen generell reagieren und ob sie schnell aus der Haut fahren. Wer auf die Frage nach den Gründen für eine längere Arbeitslosigkeit sofort in einem gereizten Ton über den Arbeitsmarkt jammert und sich als Opfer darstellt, hat schlechte Chancen. Am besten gehen Sie auf Provokationen gar nicht ein. Bleiben Sie ruhig, lassen Sie sich nicht verunsichern und antworten Sie freundlich und sachlich.

Beispiele für Antworten

- »Ich möchte wieder in der gleichen Branche und in einer Position tätig sein, die auf meine vergangene aufbaut. In diesem Bereich kann ich am meisten Erfahrungen und Know-how einbringen. Ich will meine beruflichen Ziele trotz der Arbeitslosigkeit nicht aus dem Auge verlieren. Das hat bislang viel Zeit gekostet.«
- »Mein Umzug nach Norddeutschland hat einiges an Zeit und Energie gekostet.
  Deshalb habe ich erst jetzt mit der Suche nach einer neuen Arbeit begonnen.«

Tipp

Provokative Fragen sind leicht zu erkennen.

Vorsicht – lassen Sie sich von Ihrem Interviewer nicht provozieren. Provokativ formulierte Fragen erkennen Sie häufig schon an dem Fragewort »warum«. Und daran, dass Ihnen Ihr Interviewpartner das Wort im Mund umdreht. Beispiele dafür sind:

- »Sie sagen, dass Sie in Ihrem Fachbereich sehr fundierte Fähigkeiten mitbringen. Warum sind Sie dann schon so lange arbeitslos?«
- »Der Arbeitsmarkt war in den letzten Jahren doch ganz gut, besonders in Ihrem Bereich, warum sind Sie dann schon so lange arbeitslos?«
- »Sie haben auf eigenen Wunsch gekündigt, ohne eine neue Arbeitsstelle in Aussicht zu haben. Und jetzt sind Sie schon so lange arbeitslos. Warum haben Sie das bloß gemacht?«

Formulierungsvariante der Frage

- Was glauben Sie, woran es liegt, dass Sie noch keine neue Arbeit gefunden haben?

Frage 7 Was verdanken Sie Ihrem jetzigen Arbeitgeber?

Hintergrundinformation

Zeigen Sie Ihre Persönlichkeit.

Durch Ihre Antwort auf diese Frage offenbaren Sie einem Personalverantwortlichen einiges über Ihre Person, Ihre Motivation und Ihre Einstellung zur Arbeit. Zum Beispiel:

- wie loyal Sie sich gegenüber Ihrem jetzigen oder vorigen Arbeitgeber verhalten,
- was Ihnen am Arbeitsplatz wichtig ist,
- welche Tätigkeiten Sie gerne und gut machen,
- wie sehr Sie an beruflicher Entwicklung und Weiterbildung interessiert sind,
- wie viel Ihnen Gehaltshöhe, Arbeitszeiten und andere Arbeitsplatzkonditionen bedeuten.

Tipp

Vorsicht – Loyalität! Sprechen Sie niemals schlecht über Ihren jetzigen oder früheren Arbeitgeber. Bleiben Sie zu jeder Zeit loyal. Denn Illoyalität ist ein K.-o.-Kriterium.

Antwortstrategie

- Bleiben Sie jederzeit loyal gegenüber Ihren Ex- beziehungsweise Nocharbeitgeber.
- Erwähnen Sie nur Punkte, die einer Nachfrage standhalten.
- Nennen Sie Beispiele, die hauptsächlich Ihre Kompetenzen betreffen: Fachwissen, praktische Erfahrungen, ein guter Marktüberblick, Aufbau eines belastbaren Netzwerkes, Weiterbildungen mit Zertifikaten usw.

Formulierungsvariante der Frage

- Haben Sie gerne für Ihren jetzigen Arbeitgeber gearbeitet?

Frage 8 Wie würden Sie Ihren derzeitigen Arbeitgeber beschreiben?

Hintergrundinformation

Sprechen Sie sachlich und loyal über Ihre bisherige Stelle.

Kein Personaler möchte auf diese Frage hören: »Mein derzeitiger Arbeitgeber ist absolut gewinnorientiert. Die Mitarbeiter spielen keine Rolle. Mich wundert, dass es da so viele Mitarbeiter so lange aushalten.« Auch auf die Frage danach, wie Sie Ihren derzeitigen Arbeitgeber beschreiben würden, gilt die grundlegende Regel: Verhalten Sie sich unbedingt loyal. Das gelingt Ihnen am besten, wenn Sie sachlich antworten und nicht über Probleme, die es vielleicht gab, reden. Nutzen Sie einfach die folgenden Beschreibungskriterien:

- modernes Unternehmen / Traditionsunternehmen / innovatives Unternehmen,
- interessantes Produktportfolio,
- flache Hierarchien,
- mitarbeiterfreundliche Personalpolitik,
- engagiert in Sozialprojekten.

Lassen Sie sich nicht zu negativen Äußerungen hinreißen.

Besonders auf die Frage nach den größten Missständen bei Ihrem jetzigen Arbeitgeber sollten Sie zurückhaltend antworten. Selbst wenn das Unternehmen durch offensichtliches Missmanagement bereits in den Schlagzeilen ist. Lassen Sie sich nicht dazu hinreißen, etwas Schlechtes über Ihre Vorgesetzten zu sagen.

Tipp

Geben Sie keine Unternehmensinterna preis.

Vorsicht – geben Sie keine Firmengeheimnisse Ihres derzeitigen oder Ihres vorigen Arbeitgebers preis. Manche Interviewer verstehen es ganz gut, Ihnen Details der Firmenstruktur zu entlocken. Seien Sie wachsam.

Formulierungsvariante der Frage

- Kennen Sie die größten Missstände in Ihrer jetzigen Firma?

Frage 9 Auf welche Stelle haben Sie sich außerdem noch beworben?

Hintergrundinformation

Ein Arbeitgeber ist daran interessiert, neue Mitarbeiter einzustellen, die motiviert sind, genau in diesem Unternehmen und auf der beschriebenen Stelle zu arbeiten. Befinden Sie sich in einer beruflichen Veränderungssituation, ist es jedoch sehr wahrscheinlich, dass Sie sich bei mehreren Unternehmen beworben haben. Lassen Sie das bei Ihrer Antwort auf diese Frage ruhig durchblicken.

Machen Sie deutlich, dass Sie Ihre Arbeitssuche kenntnisreich geplant haben.

Allerdings wäre es falsch zu erzählen, dass Sie eine große Anzahl an Bewerbungen an die verschiedensten Unternehmen gestreut haben. Dadurch würde der Personalverantwortliche den Eindruck bekommen, dass es Ihnen lediglich darum geht, irgendeine Arbeitsstelle zu finden, ohne ein spezifisches Interesse für eine bestimmte Aufgabe oder Branche.

Geben Sie ruhig zu, dass Sie sich gezielt auch bei anderen Unternehmen auf vergleichbare Positionen beworben haben. Aber nennen Sie – auch auf Nachfrage des Personalers – keine Firmennamen. Das wäre indiskret und könnte Ihnen schaden.

Die Andeutung, dass Sie auch noch mit anderen Unternehmen in Verhandlung stehen, kann Ihren Marktwert steigern. Sie sollten jedoch auf keinen Fall pokern und im Vorstellungsgespräch nicht versuchen, zwei Firmen gegeneinander auszuspielen. Das geht erfahrungsgemäß nicht gut.

Beispiel für eine Antwort
»Ja, ich habe mich bei vier weiteren Unternehmen beworben. Die Bewerbungsprozesse sind noch offen.«

Formulierungsvarianten der Frage

- Haben Sie weitere Bewerbungen im Markt?
- Wie viele Bewerbungen haben Sie außerdem noch gestartet?

Frage 10 Was würden Sie machen, wenn wir Sie nicht einstellen?

Hintergrundinformation

Mit dieser Frage will ein Personalverantwortlicher prüfen, ob Sie sich leicht verunsichern lassen. Außerdem kann der Interviewer an Ihrer Antwort erkennen, ob Sie sich zu sehr auf nur eine Option verlassen oder ob Sie strategisch und planvoll vorgehen. Je nachdem, zu welchem Zeitpunkt im Vorstellungsgespräch diese Frage gestellt wird, kann Ihre Antwort variieren. In jedem Fall sollten Sie ruhig und wahrheitsgemäß reagieren.

Ihr Plan »B« ...

Erfahrungsgemäß hat jeder Bewerber einen »Plan B«. Viele Personen haben diesen aber einfach nur noch nicht bewusst formuliert. Hier einige Beispiele:

- weiter beim jetzigen Arbeitgeber arbeiten,
- die Jobsuche verstärkt fortführen,
- eine Weiterbildung absolvieren,
- die Elternzeit verlängern.

Tipp

Lassen Sie sich von Ihrem Interviewpartner nicht verunsichern. Manche Fragen in einem Vorstellungsgespräch zielen lediglich darauf ab, Sie aus der Reserve locken zu wollen. Bleiben Sie souverän und antworten Sie ruhig.

... und gute Argumente, damit Sie ihn nicht brauchen.

Beispiele für Antworten

- »Ich habe mich auch noch bei weiteren Firmen beworben. Aber ich habe den Eindruck, dass unser bisheriges Gespräch ganz konstruktiv verlaufen ist, und ich kann mir gut vorstellen, meine Erfahrungen und Fähigkeiten für Sie einzusetzen.«
- »Ich wäre schon überrascht, denn bislang habe ich ein ganz gutes Gefühl, und unser Gespräch ist meines Erachtens gut verlaufen. Haben Sie noch Zweifel an meiner Eignung für die Position? Und wenn ja, können Sie mir genauer erklären, welche das sind?«
- »Natürlich habe ich mich auch noch bei anderen Unternehmen beworben. Allerdings möchte ich sehr gerne in Ihrer Firma arbeiten, weil Sie als marktstarkes und dynamisches Unternehmen gelten.«

Formulierungsvariante der Frage

- Haben Sie einen »Plan B«, falls wir uns nicht für Sie entscheiden sollten?

Frage 11 Was waren die Gründe für Ihre Studienwahl / Berufswahl?

Hintergrundinformation

Verdeutlichen Sie den roten Faden in Ihrem Berufsleben.

Personalverantwortliche stellen diese Frage, auch wenn Ihre Ausbildung oder Ihr Studium schon einige Jahre zurückliegen. Damit soll ergründet werden, wie fundiert Ihre Berufswahl war und mit wie viel Leidenschaft Sie Ihren Beruf ausüben. Wer schon in der Schule Spaß am Tüfteln hatte und nach dem Abitur auf einem technischen Gymnasium ein Ingenieurstudium gewählt hat, zeigt einen roten Faden in seiner Berufsbiografie. Dann kann ein Personalentscheider davon ausgehen, dass die Berufswahl bewusst getroffen wurde und der Bewerber über fundierte technische Fähigkeiten verfügt. Aber keine Angst. Auch wenn Sie im Lauf Ihres Berufslebens einen oder mehrere Berufswechsel vollzogen haben, finden Sie eine Antwort.

Tipp

Suchen Sie bei Ihren bisherigen beruflichen Tätigkeiten nach Gemeinsamkeiten. Nach dem, was trotz unterschiedlicher Aufgaben oder vielleicht sogar trotz unterschiedlicher Berufsausbildungen einen gemeinsamen Nenner darstellt. Der gemeinsame Nenner ist häufig der Grund, warum man einen Beruf ausübt.

Beispiele für eine Antwort

- »Als Erstberuf habe ich ... gelernt, weil mir ... Spaß gemacht hat. Nach zehn Jahren im Beruf wollte ich aber noch einmal etwas anderes machen. Deshalb habe ich im Bereich ... umgeschult, und jetzt bin ich als ... in der ...-Branche tätig. Heute würde ich mich wieder für diesen Weg entscheiden.«
- »Ich habe mich nach der Mittleren Reife für den Beruf des ... entschieden, weil mein Vater / meine Mutter als ... arbeitet und ich schon früh die Gelegenheit hatte zu sehen, was man als ... macht. Auch heute, nach mehr als 14 Jahren

Berufspraxis, macht mir die Arbeit als ... noch immer Spaß. Natürlich haben sich viele Arbeitsabläufe verändert, aber die Kernaufgaben sind nach wie vor unverändert.«

Formulierungsvarianten der Frage

- Würden Sie sich heute wieder für Ihr Studienfach beziehungsweise Ihren Beruf entscheiden?
- Was fasziniert Sie an Ihrem Beruf?

Frage 12 Welche Aufgaben haben Sie in Ihrer aktuellen Position?

Hintergrundinformation

Sie kennen sich aus mit den Aufgaben, die auf Sie zukommen.

Mit der Antwort auf diese Frage beschreiben Sie Ihre Fähigkeiten und Erfahrungen, die Sie in die neue Stelle in einem neuen Unternehmen einbringen können. Und genau daran ist ein Personalentscheider interessiert. Er will wissen, was Sie zum Erfolg der Firma beitragen können, wenn er sich für Sie entscheidet. Achten Sie darauf, dass Sie möglichst viele Aufgaben beschreiben, die auch in der neuen Position auf Sie zukommen – wenn Sie eingestellt werden. Verlieren Sie sich nicht im Detail, sondern antworten Sie präzise und nennen Sie nur die Schwerpunkte.

Antwortstrategie

Was ist typisch für Ihr gegenwärtiges Arbeitsfeld?

Die Antwort auf diese Frage können Sie sehr gut vorbereiten, indem Sie sich zu Hause Ihre Aufgaben- und Tätigkeitsbeschreibung der aktuellen oder vorigen Stelle durchlesen. Sollten Sie keine entsprechende Auflistung haben, können Sie sie sich anfertigen. Machen Sie sich dazu Notizen zu den folgenden Punkten:

- Ablauf eines typischen Arbeitstages,
- täglich wiederkehrende Aufgaben,
- sich wöchentlich wiederholende Aufgaben,
- im Monats- und Jahresturnus wiederkehrende Aufgaben,
- Anzahl und Art von Sonderaufgaben.

Tipp

Lesen Sie Ihre Arbeitszeugnisse aufmerksam durch. Darin finden Sie in der Regel eine Auflistung Ihrer Aufgaben-, Tätigkeits- und Verantwortungsbereiche.

Formulierungsvarianten der Frage

- Beschreiben Sie Ihr aktuelles Aufgabenfeld.
- Wie sieht ein typischer Arbeitstag in Ihrer jetzigen Firma aus?

Frage 13 Wie hat sich Ihr Aufgabenumfang entwickelt?

Hintergrundinformation

Sie beherrschen Ihren Aufgabenbereich und haben Neuerungen gemeistert.

Mit der Frage danach, wie sich Ihr Aufgabenumfang entwickelt hat, beleuchtet ein Personalentscheider, inwieweit Sie bei Ihrem aktuellen oder vorigen Arbeitgeber gute Arbeit geleistet haben und inwieweit Ihnen aufgrund dessen zunehmend Verantwortung übertragen wurde. Der Umfang der Aufgabenenwicklung kann dabei ganz unterschiedlich sein. Nicht jede Position bietet die Möglichkeit einer bemerkenswerten Entwicklung.

Antwortstrategie

Bei offensichtlich geringer Entwicklung in einer Routinetätigkeit im gewerblichen, kaufmännischen oder sozialen Bereich können Sie die folgenden Punkte hervorheben:

- gleichbleibend hohe Leistung,
- gleichbleibend gute Arbeitsqualität,
- konzentrierte, zuverlässige Arbeitsweise,
- laufende Einarbeitung in neue Arbeitsabläufe,
- Zusammenarbeit mit immer wieder neuen Kollegen.

Tipp

An Ihrem Arbeitsplatz hat sich viel getan in den letzten Jahren.

Wenn Sie das Gefühl haben, dass sich bei Ihrem Aufgabenumfang seit Jahren nichts verändert hat, sollten Sie einmal genau hinschauen. Prüfen Sie die folgenden Punkte:

- Wurden Arbeitsabläufe verändert und/oder optimiert, und wenn ja: Welche Auswirkungen hatte das auf Ihre Tätigkeit?
- Wurden neue Arbeitsmittel (Maschinen, Werkzeuge, Software) eingeführt, und wenn ja: Wie haben Sie gelernt, damit umzugehen?
- Wurden neue Produkte oder Dienstleistungen entwickelt und verkauft, und wenn ja: Inwieweit mussten Sie sich einarbeiten?
- Hat sich die Mitarbeiterzahl in Ihrer Abteilung verändert, und wenn ja: Welche Auswirkungen hatte das auf Ihre Arbeit?

Formulierungsvarianten der Frage

- Wie hat sich Ihr Verantwortungsumfang entwickelt?
- Wie haben Sie sich beim vorigen Arbeitgeber fachlich entwickelt?

Frage 14 Welche Vorstellungen haben Sie von der hier auszuführenden Tätigkeit?

Hintergrundinformation

Klären Sie für sich: Was können Sie, was wollen Sie?

Mit dieser Frage soll überprüft werden, ob die Erwartungen eines Bewerbers an die Aufgabe tatsächlich erfüllt werden können. Personalverantwortliche wissen, dass dies eine wichtige Voraussetzung für die Zufriedenheit eines Mitarbeiters ist. Deshalb empfiehlt es sich, seine inhaltlichen Erwartungen an die Tätigkeit deutlich zu formulieren. Denn es bringt keinen der Beteiligten weiter, wenn der Bewerber das Unternehmen bereits in der Probezeit ent-

Wie sieht für Sie das ideale Arbeitsumfeld aus?

täuscht verlässt, weil er sich die Tätigkeit ganz anders vorgestellt hat.

Antwortstrategie

Um klar sagen zu können, was Sie von Ihrer neuen Stelle erwarten, sollten Sie sich im Vorfeld des Bewerbungsgesprächs zwei Dinge überlegen:

- Wie wird wohl in dem Unternehmen, in der Abteilung und in der Position, die Sie anstreben, gearbeitet? Welche Vermutungen haben Sie? Notieren Sie sich einige Stichworte.
- Welche Dinge sind für Sie persönlich bei Ihrer Arbeit wichtig (z. B. wöchentlicher Jour fixe, Zielvereinbarungen, die neueste Computersoftware, regelmäßige Weiterbildung, Entwicklungsmöglichkeiten)?

Beispiel für eine Antwort

»Ich stelle mir entsprechend der Aufgabenbeschreibung in der Stellenanzeige eine interessante Tätigkeit mit den Schwerpunkten ... vor. Dabei arbeite ich gerne mit Zielvorgaben und klaren Absprachen im Team. Für mich sind eine offene, transparente Kommunikation und Wertschätzung wichtig.«

Formulierungsvarianten der Frage

- Was erwarten Sie von der neuen Aufgabe?
- Welche konkreten Aufgabenschwerpunkte sind für Sie interessant und wichtig?

Frage 15 Was qualifiziert Sie für die zu besetzende Stelle?

Hintergrundinformation

Ein Personalentscheider will mit dieser Frage prüfen, ob Sie Ihre fachlichen, methodischen und sozialen Kompetenzen präzise benennen und in Verbindung mit den Anforderungen und Aufgaben der neuen Stelle bringen können.

Hier dreht sich alles um den Nutzen, den Sie einem Unternehmen auf der zu besetzenden Position bieten werden.

Schauen Sie sich noch einmal die Stellenanzeige an.

Antwortstrategie

Schauen Sie vor dem Vorstellungsgespräch noch einmal in die Stellenanzeige und bringen Sie Struktur in das Anforderungsprofil. Markieren Sie alle fachlichen, methodischen und sozialen Anforderungen mit unterschiedlichen Farben. Und notieren Sie sich Ihre Kompetenzen mit den entsprechenden Farben dazu. Auf die Frage danach, was Sie für die zu besetzende Stelle qualifiziert, können Sie dann sehr strukturiert antworten. Gehen Sie dabei nach den folgenden Stichworten vor:

- Ausbildung oder Studium sowie Zusatzaus- oder -weiterbildungen,
- fachliches Know-how aus Ihren bisherigen beruflichen Stationen,
- EDV-Kenntnisse und Sprachfähigkeiten,
- Methodenkompetenzen wie Organisationsfähigkeit, Projektmanagement, Führungserfahrung etc.,
- Eigenschaften wie zuverlässiges Arbeiten, freundliches Auftreten, Kundenorientierung etc.

Formulierungsvarianten der Frage

- Welche Tätigkeiten führen Sie besonders gut aus?
- Welche Kompetenzen können Sie auf der Position besonders einsetzen?

Frage 16 Welche praktischen Erfahrungen bringen Sie für die Aufgabe bei uns mit?

Hintergrundinformation

Mit der Frage nach Ihren praktischen Erfahrungen will ein Personaler prüfen, inwieweit Sie Ihre Qualifikationen und Kompetenzen realistisch einschätzen können. Nur derjenige, der seine theoretischen Fähigkeiten, Fertigkeiten und Kenntnisse bereits einige Zeit praktisch angewendet hat, kann von sich behaupten, dass er Berufserfahrung mitbringt. Und für manche Positionen stellt eine mehr oder weniger umfangreiche Berufserfahrung eine zwingende Voraussetzung dar.

Sie sind eingeladen worden. Sie können also mit Selbstachtung auftreten.

Aber keine Sorge, wenn Sie bislang noch keine Berufserfahrung im beschriebenen Aufgabenfeld haben. Es muss einen Grund geben, warum Sie eingeladen wurden. Überlegen Sie, wo Sie in Ihrem bisherigen Berufsleben praktische Erfahrungen gesammelt haben, die den geforderten nahekommen.

Tipp

Übertreiben Sie nicht.

Vorsicht – ehrlich währt am längsten. Weder ein potenzieller Arbeitgeber noch Sie selbst haben etwas davon, wenn Sie hier mehr »verkaufen« wollen, als vorhanden ist. Das fliegt spätestens auf, wenn Sie als späterer Mitarbeiter Ihren Aufgaben nicht gerecht werden können. Und innerhalb der Probezeit kann Ihnen ein Arbeitgeber ohne Angabe von Gründen innerhalb von 14 Tagen kündigen.

Formulierungsvarianten der Frage

- Wo haben Sie bereits vergleichbare Berufserfahrungen gesammelt?
- Welche Ihrer bisherigen Erfahrungen kommen den hier geforderten am nächsten?

Frage 17 Welche fachlichen Stärken können Sie bei uns einsetzen?

Hintergrundinformation

Diese Frage ist bei Personalern ganz besonders beliebt. Denn damit kann man recht schnell prüfen, ob ein Bewerber weiß, was er kann, ob er das auch selbstbewusst und präzise zum Ausdruck bringen kann und ob das, was er erzählt, zu den Anforderungen passt. Idealerweise verknüpfen Sie Ihre Stärken also gleich mit den Anforderungen für die neue Position.

Tipp

Nennen Sie alle Stärken, die Sie im Vorfeld in Ihrer Stärken-Schwächen-Analyse herausgefunden haben und schauen Sie auch in Ihren Arbeitszeugnissen nach, wie dort Ihre Stärken beschrieben sind. Wenn Sie sich Ihrer fachlichen, methodischen und sozialen Kompetenzen bewusst sind, können Sie auch selbstbewusst antworten. Denn Selbstbewusstsein entsteht durch das Wissen um die eigenen Stärken.

Antwortstrategie

Verdeutlichen Sie Ihre Stärken anhand von Beispielen.

Nennen Sie nicht nur einzelne Stärken wie z. B. »Ich kann gut organisieren.« Begründen Sie Ihre Stärken auch anhand von Beispielen. Beispielsweise so: »Ich kann gut organisieren. In meiner aktuellen Position bin ich für die Dienstreiseorganisation zuständig. Mein Chef hat mich schon einige Male dafür gelobt, dass dabei alles reibungslos verläuft.« Sie sollten drei bis fünf wirkliche Stärken nennen und anhand eines Beispiels begründen können.

Formulierungsvarianten der Frage

- Wo liegen Ihre Stärken?
- Wie würde Ihr aktueller Arbeitgeber Ihre Stärken beschreiben?

Frage 18 Wo liegen Ihre Schwächen?

Hintergrundinformation

Auch diese Frage zählt zu den am häufigsten gestellten Fragen. Personalverantwortlichen geht es dabei nicht wirklich darum, welche Schwächen Sie haben. Vielmehr soll

Kommunizieren Sie Ihre Schwächen geschickt und selbstbewusst.

mit dieser Frage herausgefunden werden, ob Sie eine realistische Selbsteinschätzung haben und ob Sie glaubwürdig sind. Denn kein Mensch hat nur Stärken. Und selbstbewusste Persönlichkeiten stehen sowohl zu ihren Stärken als auch zu ihren Schwächen. Im Vorstellungsgespräch sollten Sie allerdings nicht alle Karten offen auf den Tisch legen.

Tipp

Auf die Frage nach Ihren Schwächen können Sie zunächst mit einer fachlichen Schwäche antworten, die kein K.-o.-Kriterium für die zu besetzende Position darstellt. Beispielsweise können Sie ein bestimmtes Computerprogramm oder eine Fremdsprache anführen, die nicht relevant sind. Erst auf die Nachfrage, welche persönlichen Schwächen Sie haben, sollten Sie zwei oder drei Eigenschaften nennen können, die Sie selbst als Schwäche ansehen und die Sie entwickeln wollen.

Beispiele für Antworten

- »Die englische Sprache beherrsche ich recht gut. Aber mein Französisch ist noch zu schwach. Da möchte ich dazulernen.«
- »Ich kann nicht ausschließlich Routineaufgaben machen. Deshalb habe ich auch den Beruf des Vertriebsmitarbeiters im Außendienst gewählt. Natürlich gibt es auch hier immer wiederkehrende Aufgaben, aber die gehören nicht zu meinen beliebtesten Tätigkeiten.«
- »Ich bin eher zurückhaltend und im Erstkontakt nicht so sicher. Für den Beruf der Bibliothekarin, den ich gewählt habe, ist das nicht ausschlaggebend. Aber ich möchte mich da noch persönlich entwickeln und offener werden.«

Formulierungsvarianten der Frage

- Welche Schwächen hindern Sie daran, Ihren Aufgaben gerecht zu werden?
- Was können Sie weniger gut?

Frage 19 Was haben Sie in letzter Zeit für Ihre Weiterbildung getan?

Hintergrundinformation

Halten Sie sich fit für eine komplexer werdende Arbeitswelt.

Mit dieser Frage prüft ein Personalentscheider, ob Sie generell an Weiterbildungen interessiert sind und ob Sie sich für eine komplexer werdende Arbeitswelt fit halten. Arbeitnehmer, die seit Jahren keinen einzigen Kurs absolviert haben, wecken bei einem Personalentscheider entweder den Eindruck, dass sie meinen, schon alles zu wissen, oder dass sie wenig engagiert sind. In einer globalisierten und vernetzten Welt ist die Weiterentwicklung von Fähigkeiten eine wichtige Voraussetzung dafür, auch morgen noch erfolgreich arbeiten zu können.

Antwortstrategie

Auch Routineaufgaben erfordern Weiterbildung.

Es gibt Arbeitsbereiche, in denen kaum Weiterbildung nötig ist, um die Aufgaben gut zu bewältigen. Häufig sind das gewerbliche, kaufmännische oder soziale Anlerntätigkeiten. Aber selbst bei solchen Routineaufgaben haben Sie in den letzen Monaten neue Dinge dazugelernt. Prüfen Sie einmal:

- Wurden Arbeitsabläufe verändert, auf die Sie sich einstellen mussten?
- Wurden neue Arbeitsmittel (Maschinen, Werkzeuge, Software) eingeführt, mit denen Sie lernen mussten umzugehen?
- Wurden neue Produkte oder Dienstleistungen entwickelt, die Sie kennenlernen mussten?
- Hat sich die Teamzusammensetzung verändert und Sie mussten sich auf neue Kollegen einstellen?

Formulierungsvarianten der Frage

- Wann haben Sie Ihre letzte Weiterbildung absolviert?
- In welchem Bereich würden Sie gerne noch etwas hinzulernen?

Frage 20 Wie gut sind Ihre Kenntnisse / Ihre Fähigkeiten in ...?

Hintergrundinformation

Was können Sie schon, was müssen Sie noch lernen?

Häufig sitzen Sie im Vorstellungsgespräch einem Mitarbeiter aus dem Personalbereich und einem Vertreter der Fachabteilung gegenüber. Der Interviewer aus der Fachabteilung wird Ihnen spezifische Fragen zu Ihrem Fachwissen und Ihren fachlichen Fähigkeiten stellen. Mit dieser direkten Prüfung Ihrer Fähigkeiten und Kenntnisse will man herausfinden, welches Know-how Sie bereits mitbringen und wo Sie während einer Einarbeitung noch etwas dazulernen müssen.

Tipp

Vorsicht – wenn Sie eine direkte Frage nach Ihrem Fachwissen nicht beantworten können, sollten Sie dazu stehen. Personalentscheider wünschen sich Bewerber und spätere Mitarbeiter, die wissen, was Sie können und was nicht, und die zu ihren Stärken und Schwächen stehen.

Zeigen Sie glaubwürdig Bereitschaft, etwas dazuzulernen.

Beispiel für eine Antwort
»Diese Frage kann ich nicht beantworten. Ich hatte zwar den fachlichen Schwerpunkt in meinem Studium, habe allerdings in den letzten Jahren nicht darin gearbeitet. Doch mit einer entsprechenden Einarbeitung und im Selbststudium zu Hause kann ich mich schnell wieder in das Thema einarbeiten.«

Formulierungsvarianten der Frage

- Wie gut sind Ihre Englischkenntnisse / Fähigkeiten am PC / ...?
- Wie gut ist Ihr Fachwissen in der Antriebs- und Servotechnik / im Bereich der Rechnungslegung / im Bereich der Krankenpflege / ...?

Frage 21 Was können Sie uns über sich erzählen?

Hintergrundinformation

Mehr als Small Talk. Bringen Sie sich auf den Punkt.

Auch diese offene Frage zählt zu den häufigsten Fragen im Vorstellungsgespräch. Sie wird meist zu Beginn gestellt, was ein Zeichen dafür sein kann, dass sich der Interviewer nicht richtig vorbereitet hat. Die Frage soll aber auch dazu dienen, gleich eine gute Gesprächsatmosphäre zu schaffen, denn der Bewerber kann hier erst einmal locker über sich erzählen. Hinter der Frage steckt allerdings mehr als ein Small-Talk-Thema. Der Interviewer kann herausfinden, ob Sie Ihren Werdegang kurz und prägnant schildern können und ob Sie auf die Fakten eingehen, die für die angestrebte Position besonders wichtig sind.

Tipp

Bedenken Sie: Auch wenn Sie nur locker plaudern, erfährt der Personaler wichtige Details über Sie und Ihre Persönlichkeit. Zum Beispiel:

- Können Sie Schwerpunkte setzen?
- Erzählen Sie sachlich und stringent?
- Verfangen Sie sich in Widersprüchen?
- Verlieren Sie sich in Details?
- Erzählen Sie selbstbewusst?
- Werden Sie großspurig?

Antwortstrategie

Am besten bereiten Sie sich auf diese Frage vor, indem Sie Ihren Lebenslauf intensiv studieren. Den müssen Sie gut im Kopf haben, um flüssig erzählen zu können und sich nicht in Widersprüchen zu verfangen. Beachten Sie bei Ihrer Selbstpräsentation die folgenden Punkte:

- Die Redezeit beträgt circa drei Minuten.
- Der Schwerpunkt Ihrer Erzählung liegt auf Ihrem beruflichen Werdegang.

- Zur Abrundung Ihres Profils nennen Sie auch einige persönliche Daten.
- Nennen Sie nicht nur Fakten, sondern stellen Sie auch Zusammenhänge her.
- Behalten Sie den roten Faden im Blick, auch wenn der Personalentscheider Zwischenfragen stellt.

Formulierungsvarianten der Frage

- Erzählen Sie uns etwas über Ihren beruflichen Werdegang!
- Welche Stationen in Ihrem Leben waren besonders wichtig für Ihre Entwicklung?

Frage 22 Auf welche (beruflichen oder privaten) Leistungen sind Sie besonders stolz?

Hintergrundinformation

Ein Personalentscheider prüft mit dieser Frage, was Sie als Leistung und Erfolg erleben und aus welchen Bereichen Sie Beispiele nennen. Außerdem interessiert es ihn, wie Sie antworten. Die Art und Weise, wie Bewerber auf diese Frage antworten, sagt viel über ihre Persönlichkeit aus. Zeigt sich ein Bewerber selbstüberheblich oder selbstbewusst, realistisch oder unrealistisch, zurückhaltend oder gar schüchtern?
Beachten Sie: Bei Ihrer Antwort sollten Sie sich weder über- noch unterschätzen. Stellen Sie sachlich dar, was Sie beruflich und / oder privat erreicht haben.

Antwortstrategie

Erstellen Sie ein Selbstwertinventar.

Fertigen Sie sich zur Vorbereitung ein Selbstwertinventar an. Notieren Sie sich, auf welche Lebensleistungen Sie stolz sind. Wofür wurden Sie von anderen gelobt? Was können Sie besonders gut? Denken Sie dabei nicht gleich an Olympiadeleistungen oder Prädikatsexamen. Hier geht es weniger um den Vergleich mit anderen als vielmehr darum, in welchen Bereichen Sie sich etwas vorgenommen, Ihr Bestes gegeben und etwas erreicht haben. Zum Beispiel:

- Sie wollten einen Halbmarathon in weniger als zwei Stunden laufen und haben das geschafft.
- Sie haben sich vorgenommen, Wirtschaftsenglisch zu lernen, und sind bereits seit vier Monaten dabei.
- Sie haben Organisationstalent und werden dafür von Ihren Kollegen im Team oft gelobt.
- Sie haben eine Umsatzsteigerung (Kostensenkung, Projekterfolge oder Ähnliches) in Ihrem Verantwortungsbereich erzielt.

Formulierungsvarianten der Frage

- Beschreiben Sie uns Ihre Erfolge bei Ihrem letzten Arbeitgeber.
- Was waren bisher Ihre größten Erfolge?

Frage 23 Aus welchen Misserfolgen haben Sie am meisten gelernt?

Hintergrundinformation

Wirklich dramatische Ereignisse sollten unerwähnt bleiben.

Mit dieser Frage will ein Interviewer herausfinden, ob Sie eine realistische Selbsteinschätzung haben und ob Sie glaubwürdig sind. Denn kein Mensch ist perfekt. Wer sich realistisch einschätzt und selbstbewusst ist, steht zu seinen Erfolgen, aber auch zu seinen Misserfolgen. Im Vorstellungsgespräch sollten Sie allerdings dramatische Vorfälle und schwere Niederlagen im Berufs- oder Privatleben nicht erwähnen.

Tipp

Erzählen Sie, wie Sie aus Misserfolgen und Fehlern gelernt haben. Jedes Scheitern trägt die Chance in sich, etwas dazuzulernen und es beim nächsten Mal besser zu machen. Und das nächste Mal kommt bestimmt. Das weiß auch der Personalverantwortliche bei Ihrem potenziellen Arbeitgeber.

Beispiel für eine Antwort
»Mein größter Misserfolg war die nicht bestandene Masterprüfung in ... Das hat mich sehr getroffen und ein halbes Jahr zurückgeworfen. Aber ich habe daraus gelernt, dass ich mich nicht allein auf mein Wissen verlassen darf, sondern mich immer wieder aufs Neue intensiv vorbereiten muss. Beim zweiten Anlauf habe ich die Prüfung mit der Note 1,7 bestanden.«

Formulierungsvarianten der Frage

- Was trauen Sie sich nicht zu?
- Wo sind Sie schon einmal an Ihre Grenzen gestoßen?

Frage 24 Wie werden Sie von Kollegen eingeschätzt?

Hintergrundinformation

Ein Personaler merkt sofort, wenn Sie unehrlich sind.

Dies ist eine zirkuläre Frage. Das heißt: Der Personaler fragt Sie nicht direkt, wie Sie sich selbst charakterisieren, sondern er fragt über einen »Umweg«, hier über Ihre Kollegen. Damit fragt er gleichzeitig nach Ihren Eigenschaften und Ihrer Beziehung zu Kollegen. Antworten Sie wahrheitsgetreu und damit glaubwürdig. Ein Interviewer merkt sofort, wenn Sie unehrlich sind, denn er macht sich während des gesamten Gesprächs – vom ersten bis zum letzten Eindruck – ein Bild von Ihnen.
Nennen Sie also Eigenschaften, die Ihnen von Kollegen tatsächlich zugeschrieben werden. Adjektive für eine Fremdeinschätzung sind zum Beispiel:

- freundlich, hilfsbereit, teamfähig,
- zielstrebig, ehrgeizig, engagiert,
- zuverlässig, pünktlich, sorgfältig,
- fachlich kompetent und selbstbewusst,

- kontakt- und kommunikationsstark,
- kritisch, akribisch, genau.

Beispiele für Antworten

- »Meine Kollegen im Team können sich immer auf mich verlassen. Die sagen über mich, dass ich ein zuverlässiger Typ bin, der zupackt und seine Arbeit ordentlich macht.«
- »In meiner Abteilung bin ich der kritische Geist. Ich arbeite sehr sorgfältig und entdecke oft noch Kleinigkeiten, die man optimieren kann. Nicht alle finden das gut, aber im Endeffekt profitiert das ganze Team davon.«
- »Teamfähig, kreativ und immer loyal. So würden mich meine Kollegen wohl beschreiben. Wir sind ein gutes Team, in dem es sicherlich auch ab und an Spannungen gibt. Aber wir können darüber reden.«

Formulierungsvariante der Frage

- Wenn ich Ihr Kollege wäre, was würde ich besonders an Ihnen schätzen?

Frage 25 Wie charakterisieren Sie sich selbst?

Hintergrundinformation

Passst Ihre Persönlichkeit zur Unternehmenskultur?

Auch diese Frage zählt zu den am häufigsten gestellten Fragen. Sie zielt direkt auf Ihre Selbsteinschätzung. Aber Personalverantwortliche interessieren nicht nur die Eigenschaften, die Sie sich selbst zuschreiben, sondern auch die Art und Weise, wie Sie auf diese Frage antworten. Zeigen Sie sich reflektiert, zurückhaltend oder selbstbewusst und passt Ihre Selbsteinschätzung zu dem Eindruck, den sich der Interviewer von Ihnen macht? Außerdem prüfen sie, ob Sie mit Ihrer Persönlichkeit zur Unternehmenskultur passen. Bereiten Sie sich gezielt auf diese Frage vor:

- Lesen Sie Ihre bisherigen Arbeitszeugnisse aufmerksam. Notieren Sie die Adjektive, die Sie und Ihren Arbeitsstil beschreiben.
- Fragen Sie Ihre Arbeitskollegen und / oder Bekannten und Freunde, wie sie Sie einschätzen.

- Benennen Sie die drei Eigenschaften, die Sie am besten beschreiben, und finden Sie jeweils eine Beispielsituation, in der Sie eine dieser Eigenschaften bewiesen haben.

Selbstbild und Fremdbild müssen übereinstimmen.

Tipp

Vorsicht – bleiben Sie immer ehrlich und damit glaubwürdig. Ein Interviewer bildet sich während des Vorstellungsgesprächs einen Eindruck von Ihnen – von der ersten bis zur letzten Minute. Wenn sein Eindruck (seine Fremdeinschätzung) nicht mit Ihrer Selbstbeschreibung übereinstimmt, sondern stark davon abweicht, werden Sie keinen Arbeitsvertrag erhalten. Denn eine große Selbstbild-Fremdbild-Abweichung kann ein Zeichen sein für eine unreflektierte und unrealistische Selbsteinschätzung. Und die führt erfahrungsgemäß zu Problemen im Arbeitsteam und mit dem Vorgesetzten.

Formulierungsvariante der Frage

- Welche Eigenschaften zeichnen Sie aus?
- Welcher »Typ Mensch« sind Sie?

Frage 26 Wie gehen Sie mit Kritik um?

Hintergrundinformation

Konstruktive Kritik, ob im Berufs- oder Privatleben, ist der Treibstoff für jede Weiterentwicklung. Man muss nur damit umgehen können. Ein Personalverantwortlicher prüft mit dieser Frage Ihre Kritikfähigkeit. Er will wissen, wie Sie auf Kritik reagieren. Deshalb ist es sinnvoll, sich vor einem Vorstellungsgespräch bewusst mit diesem Thema auseinanderzusetzen und eine differenzierte Antwort vorzubereiten.

Beispiel für eine Antwort
»Für mich bedeutet Kritik Feedback, und das ist für mich wichtig. Nur wenn ich von meinem Vorgesetzten und von meinen Kollegen auch eine ehrliche, kritische Rückmeldung bekomme, kann ich mich verbessern. Aber kritische Rückmeldungen dürfen nicht persönlich oder unfair sein.«

Tipp

Provozieren Sie keinen Test Ihrer Kritikfähigkeit.

Auch bei dieser Frage gilt: Bleiben Sie ehrlich! Wer hier einen euphorischen Vortrag über die Notwendigkeit, die Relevanz und das Zukunftspotenzial einer kritikfreundlichen Unternehmenskultur hält, wirkt unglaubwürdig. Der Interviewer kann sich dadurch herausgefordert fühlen, Ihre Kritikfähigkeit direkt im Vorstellungsgespräch durch eine provozierende Fragetechnik auf die Probe zu stellen.

Formulierungsvarianten der Frage

- Wurden Sie schon einmal von Ihrem Vorgesetzten kritisiert?
- Wie reagieren Sie auf Kritik Ihrer Kollegen?

Frage 27 Haben Sie schon einmal Ihren Vorgesetzten kritisiert?

Hintergrundinformation

Fachliche Meinungsverschiedenheiten – ob zwischen Kollegen oder zwischen dem Vorgesetzten und seinen Mitarbeitern – kommen immer wieder vor. Deshalb wäre es unglaubwürdig, wenn Sie auf diese Frage mit einem entschiedenen Nein antworten. Ein Personalentscheider prüft mit dieser Frage aber nicht nur Ihre Glaubwürdigkeit. Er will auch wissen, wie die persönliche Zusammenarbeit zwischen Ihnen und Ihrem Chef war.

Sie haben keine Scheu vor konstruktiven Meinungsverschiedenheiten mit dem Chef.

Antwortstrategie

Antworten Sie ehrlich. Nennen Sie fachliche Meinungsverschiedenheiten. Beschreiben Sie an einem Beispiel, wann und in welchem Punkt Sie Ihrem Vorgesetzten eine kritische Rückmeldung gegeben haben. Und erläutern Sie auch, wie Sie den Kritikpunkt sachlich und konstruktiv mit Ihrem Chef diskutiert haben. Ernsthafte Konflikte mit ehemaligen Vorgesetzten, unsachliche Auseinandersetzungen und einen unfairen Umgang miteinander sollten Sie allerdings besser nicht erwähnen.

Tipp

Vorsicht – bleiben Sie bei der Beantwortung dieser Frage unbedingt loyal gegenüber Ihrem vorigen beziehungsweise jetzigen Arbeitgeber und reden Sie nicht schlecht über Ihren ehemaligen oder aktuellen Chef. Wer heute schlecht über den Vorgesetzten redet, wird morgen auch über den neuen Vorgesetzten schlecht reden. Das ist illoyal und daher ein absolutes K.-o.-Kriterium. Selbst wenn Ihr Vorgesetzter ein Tyrann war oder ist, sollten Sie das für sich behalten.

Auf keinen Fall nachtreten.

Auf keinen Fall sollten Sie diese Frage dazu nutzen, sich selbst Luft über einen – in Ihren Augen unfähigen – Vorgesetzten zu verschaffen.

Formulierungsvariante der Frage

- Wie reagierte Ihr Vorgesetzter auf Kritik?
- Wie reagieren Sie auf Fehler Ihrer Vorgesetzten?

Frage 28 Woran erkennen Sie, ob Sie in einem Team integriert sind?

Hintergrundinformation

Teamfähigkeit ist eine wesentliche persönliche Voraussetzung für die meisten Arbeitsstellen. Der Begriff Teamfähigkeit ist ein Sammelbegriff für alle persönlichen Fähigkeiten und Einstellungen, die dazu beitragen, in einer Gruppe zu kooperieren und ein gemeinsames Ziel zu erreichen. Ein Personaler prüft mit der Frage, wie bewusst Sie über Ihre eigene Teamfähigkeit nachgedacht haben und wie wahrscheinlich es ist, dass Sie sich schnell in ein neues Arbeitsteam einfügen.

Beispiel für eine Antwort
»Das merke ich recht schnell daran, dass ich gefragt werde, ob ich an der gemeinsamen Mittagspause teilnehmen will. Oder auch daran, dass ich einzelne Teamkollegen in fachlichen Dingen um Unterstützung bitten kann. Und auch umgekehrt: dass Kollegen auf mich zukommen, wenn sie Fragen haben, die ich beantworten kann.«

Tipp

Sie können beides: Team und Solo.

Bei der Frage nach Ihrer Teamfähigkeit wenden Interviewer auch häufig Entweder-oder-Fragetechnik an: »Arbeiten Sie lieber im Team oder lieber allein?« Lassen Sie sich dadurch nicht in eine Ecke drängen. Antworten Sie darauf mit einer Sowohl-als-auch-Antworttechnik: »Ich mag beides sehr gerne. Es gibt Aufgaben, bei denen kann man nur im Team gute Ergebnisse erzielen. Auf der andern Seite gibt es aber auch Tätigkeiten, bei denen man allein am schnellsten vorankommt.«

Formulierungsvarianten der Frage

- Wie wichtig ist Ihnen Teamarbeit?
- Arbeiten Sie lieber im Team oder lieber allein?
- Wodurch zeichnet sich die Arbeit in einem Team für Sie aus?

Frage 29 Wie lösen Sie einen Konflikt im Team?

Hintergrundinformation

Zeigen Sie einem Personalentscheider mit Ihrer Antwort, dass Sie sich bewusst Gedanken über Ihren Umgang mit Konflikten und / oder schwierigen Kollegen gemacht haben. Wo mehrere Menschen zusammenarbeiten, gibt es immer auch Konfliktpotenzial. Die Antworten: »Ich habe keine Konflikte« oder »Ich hatte noch nie Konflikte in einem Team« sind unglaubwürdig.

Würden Sie gerne selbst mit sich zusammenarbeiten?

Tipp

Wie bei vielen Fragen zu Ihrer Persönlichkeit geht es auch bei der Frage nach Ihrer Konfliktfähigkeit darum, herauszufinden, ob Sie die Art von Mitarbeiter sind, mit dem man gerne und gut zusammenarbeiten kann und die bei Konflikten eine konstruktive Lösung anstreben. Fragen Sie sich deshalb einmal selbst, ob Sie gerne mit sich selbst zusammenarbeiten würden. Wenn ja: warum?

Antwortstrategie

- Weisen Sie darauf hin, dass Sie nicht allzu häufig in Konfliktsituationen geraten.
- Erklären Sie, dass es Ihnen bei Konflikten darum geht, eine konstruktive Lösung im Sinne des Unternehmens zu finden.
- Beschreiben Sie, wie Sie Konfliktgespräche sachlich und fair zur Person führen.

Beispiel für eine Antwort

»Teamarbeit hat ja ein übergeordnetes Ziel. Wenn es dabei zu Konflikten kommt, dann spreche ich das in der Regel sofort an. Da soll nichts anbrennen. Und dann geht es darum, persönliche Befindlichkeiten zu klären und im Sinne der Aufgabe sachlich gebotene Lösungen zu finden.«

Formulierungsvariante der Frage
- Wie gehen Sie mit schwierigen Kollegen um?

Frage 30 Worauf freuen Sie sich, wenn Sie morgens zur Arbeit gehen?

Hintergrundinformation

Hinter dieser Frage steckt das Interesse des Interviewers zu erfahren, welche persönliche Einstellung Sie zur Arbeit haben. Stellt Arbeit eine Last und Mühe für Sie dar oder gehen Sie gerne arbeiten und sind Sie gerne aktiv? Weniger gut kommt folgende Antwort an: »Ich freue mich am meisten auf den Feierabend, auf mein Gehalt am Monatsende und auf den Urlaub.« Das klingt nach Dienst nach Vorschrift und weniger nach Leistungsträger. Andererseits sollten Sie aber auch nicht in den höchsten Tönen schwärmen, dass es in Ihrem Leben nichts Schöneres gibt, als morgens zur Arbeit zu gehen. Das wäre unglaubwürdig.

Beispiele für Antworten
- »Ich freue mich darauf, etwas Sinnvolles zu tun, und auch auf die Zusammenarbeit mit den Kollegen.«
- »Ich arbeite gerne, und die Herausforderung neuer Aufgaben reizt mich.«

Tipp

Bei Durchhängern: Selbstmotivation.

Jeder Mensch hat von Zeit zu Zeit einmal einen Durchhänger. Wer das verleugnet, wirkt unglaubwürdig. Bereiten Sie sich deshalb auch auf die Frage vor, wie Sie mit Durchhängern umgehen. Verschiedene Strategien zur Selbstmotivation sind wichtig. Wissen Sie, wie Sie sich selbst motivieren können, wenn Sie in einem Motivationsloch sind? Zum Beispiel:
- Sport treiben,
- mit Freunden treffen,

- ein gutes Buch lesen,
- ins Kino gehen,
- Ihre bisherigen Erfolge vor Augen führen.

Formulierungsvarianten der Frage

- Was gefällt Ihnen an Ihrer jetzigen Arbeit?
- Wie motivieren Sie sich selbst?

Frage 31 Was ist wichtig für Ihre berufliche Zufriedenheit?

Hintergrundinformation

Können Ihre Erwartungen im Unternehmen erfüllt werden?

Ein Personalentscheider will durch diese Frage erfahren, welche Prioritäten Sie setzen, wenn es um das Thema Arbeit geht. Stehen bei Ihnen das Einkommen und ein kurzer Arbeitsweg im Vordergrund? Oder sind Sie besonders an einer interessanten Aufgabe und einer guten Zusammenarbeit interessiert? Außerdem prüft der Personalverantwortliche, ob Ihre Erwartungen im Unternehmen erfüllt werden können.

Tipp

Vorsicht – folgende Punkte sollten Sie lieber nicht angeben, um darzulegen, was an erster Stelle zu Ihrer beruflichen Zufriedenheit beiträgt:

- ein möglichst hohes Einkommen,
- eine möglichst kurze Arbeitszeit,
- ein kurzer Arbeitsweg,
- viele Urlaubstage,
- verschiedene Vergünstigungen.

Antwortstrategie

Überlegen Sie zunächst, welche Punkte tatsächlich zu Ihrer beruflichen Zufriedenheit beitragen. Erfahrungsgemäß sind das:

- eine interessante Aufgabe, die Sie weder über- noch unterfordert,
- ein fairer, offener und wertschätzender Umgang miteinander,
- Rahmenbedingungen, die es Ihnen möglich machen, gute Arbeit zu leisten, und
- ja: Natürlich gehört auch eine leistungsgerechte Bezahlung dazu!

Formulierungsvarianten der Frage

- Worauf kommt es Ihnen bei der Zusammenarbeit mit Kollegen und Vorgesetzten besonders an?
- Wie stellen Sie sich die Zusammenarbeit mit Kollegen und Vorgesetzten in unserem Unternehmen vor?

Frage 32 Welche beruflichen Ziele haben Sie sich gesetzt?

Hintergrundinformation

Ziele und Stellenanforderungen müssen zusammenpassen.

Viele Personalverantwortliche haben die Sorge, dass ein neuer Mitarbeiter das Unternehmen als Durchlaufstation oder als Ruhesitz ansehen könnte. Deshalb fragen sie sehr oft nach den beruflichen Zielen. Wer hier für die nächsten zwei oder drei Jahre hoch ambitionierte Ziele formuliert, die die ausgeschriebene Position nicht bieten kann, katapultiert sich ins Aus. Ebenso wird niemand eingestellt, der durchscheinen lässt, dass er keine große Einsatz- und Veränderungsbereitschaft haben wird.

Antwortstrategie

Nicht jeder muss – und kann – hohe Ziele haben.

Was tun, wenn Sie gar keine beruflichen Ziele haben? Wenn Sie mit dem, was Sie erreicht haben, zufrieden sind? Keine Sorge, es muss sich nicht jeder Mensch stetig beruflich nach vorn oder oben entwickeln. Es gibt Arbeitsplätze und Tätigkeiten, die das nicht verlangen und die das auch gar nicht bieten können. Nennen Sie in so einem Fall in Ihrer Antwort die folgenden Punkte:

- fundiert und zügig einarbeiten,
- langfristig eine gleichbleibende Arbeitsleistung und -qualität erbringen,
- mit Veränderungen und Neuerungen am Arbeitsplatz mitgehen,
- neuen Anforderungen stellen.

Sollten Sie als Fach- oder Führungskraft an einer Karriere interessiert sein, können Sie in Ihrer Antwort die folgenden Punkte nennen:

- nach der Einstellung möglichst schnell produktiv arbeiten,
- gerne bald mehr Verantwortung übernehmen,
- eine berufliche Entwicklung in Abstimmung mit den Möglichkeiten im Unternehmen.

Formulierungsvarianten der Frage

- Wo sehen Sie sich beruflich in fünf Jahren?
- In welcher Hinsicht möchten Sie sich beruflich weiterentwickeln?

Frage 33 Welche privaten Ziele haben Sie für die nächsten Jahre?

Hintergrundinformation

Private und berufliche Ziele – das muss passen.

Ihre Arbeit hat Einfluss auf Ihr Privatleben. Ebenso hat Ihr Privatleben Auswirkungen auf Ihre Arbeit. Ein Personalentscheider stellt die Frage nach Ihren privaten Zielen, um zu erfahren, ob bei Ihnen beides jetzt und auch zukünftig zusammenpasst. Diese Frage einfach abzulehnen nach dem Motto »Das gehört hier nicht zum Thema«, ist nicht zu empfehlen. Allerdings sollten und müssen Sie auch nicht zu viel von Ihrem Privatleben preisgeben.

Antwortstrategie

Beantworten Sie die Frage allgemein und signalisieren Sie, dass Sie alles im Griff haben: »Ich bin sehr zufrieden mit meinem Privatleben und wünsche mir, dass alles so bleibt, wie es ist.« Sie können auch einige Informationen über sich geben, z. B. welche Freizeitinteressen und -aktivitäten Sie ausbauen wollen.

Tipp

Solche Fragen sind tabu.

Vorsicht – die Fragen nach Eheplänen, Kinderwunsch und Schwangerschaft sind unzulässig, weil diskriminierend. Auf diese Fragen können Sie von Ihrem »Recht zur Lüge« Gebrauch machen, wenn Ihnen eine ehrliche Antwort schaden würde. Die Frage nach dem Familienstand, also ob Sie ledig, in fester Partnerschaft, verheiratet, verwitwet oder geschieden sind, ist dagegen erlaubt.

Formulierungsvarianten der Frage

- Leben Sie in fester Partnerschaft?
- Wie sieht Ihre Familienplanung aus?
- Sind Sie schwanger?

Frage 34 Was machen Sie in Ihrer Freizeit?

Hintergrundinformation

Sie haben maximal drei Hobbys.

Ihre Freizeitinteressen und Hobbys geben einem Personalentscheider Aufschluss über Ihre Persönlichkeit, Ihre Vorlieben und auch über bestimmte Fähigkeiten. Damit rundet er sein Bild von Ihnen ab. Deshalb gehört auch diese Frage zu den am häufigsten gestellten Fragen in Vorstellungsgesprächen. Briefmarkensammler bringen z. B. andere Eigenschaften und Fähigkeiten mit als Hobbygärtner oder Sportler. Bei der Angabe der Hobbys und Freizeitaktivitäten sollten Sie sich auf zwei bis drei beschränken, sonst könnte Ihnen übermäßige Freizeitliebe unterstellt werden. Außerdem sollten Ihre Beispiele einer Nachfrage standhalten. Wer beispielsweise behauptet, in seiner Freizeit leidenschaftlich gern zu lesen, und auf die Nachfrage, welches Buch er denn aktuell lese, keine Antwort hat, ist unglaubwürdig.

Tipp

Grundsätzlich gehen die privaten Aktivitäten eines Bewerbers den Arbeitgeber nichts an. Es gibt jedoch keinen Grund für Sie, zu lügen oder auf die Frage nicht zu antworten. Ausnahmen: Risikosportarten (Klettersport), Hobbys, die mit Aggressionen (Kampfsport) oder Süchten (mit Freunden trinken gehen) in Verbindung gebracht werden können.

Formulierungsvarianten der Frage

- Welche Interessen haben Sie?
- Welche Hobbys haben Sie?
- Welchen Aktivitäten gehen Sie in Ihrer Freizeit nach?

Frage 35 Sind Sie vorbestraft?

Hintergrundinformation

Ganz einfach »Nein« sagen.

Ein Arbeitgeber darf nach Vorstrafen nur dann fragen, wenn diese relevant für die auszuübende Tätigkeit sein könnten, z. B. bei Positionen, die eine besondere Vertrauensstellung beinhalten. Manche Personalentscheider stellen die Fragen nach Vorstrafen, obwohl sie nicht relevant sind. Lassen Sie sich dadurch nicht provozieren. Und weisen Sie den Interviewer auch nicht darauf hin, dass er die Frage nach Vorstrafen in diesem Fall nicht stellen darf. Antworten Sie stattdessen ruhig, sachlich und freundlich mit einem einfachen Nein. Auch bei dieser Frage gilt wie bei jeder unzulässigen Frage eines Personalers, dass Sie von Ihrem »Recht zur Lüge« Gebrauch machen können, wenn Ihnen eine ehrliche Antwort schaden würde.

Beispiele für Antworten
- »Nein, ich habe ein Führungszeugnis ohne jeden Eintrag.«
- »Nein, ich bin nicht vorbestraft und war es auch nie.«

Tipp

Stellen Unternehmensvertreter im Vorstellungsgespräch unzulässige Fragen, müssen sie damit rechnen, dass diese vom Bewerber nicht wahrheitsgemäß beantwortet werden. Kommt es zum Abschluss des Arbeitsvertrages, ist dieser gültig, auch wenn der Bewerber auf eine unzulässige Frage mit einer Lüge geantwortet hat.

Unbedingt »Ja« sagen.

Aber Vorsicht! Wenn eine Vorstrafe für die auszuübende Tätigkeit relevant ist, beispielsweise ein Alkoholdelikt im Straßenverkehr bei einer Bewerbung als Fernfahrer, müssen Sie sie im Vorstellungsgespräch angeben. Ansonsten ist ein möglicher Arbeitsvertrag nichtig.

Formulierungsvarianten der Frage
- Laufen polizeiliche Ermittlungen gegen Sie?
- Läuft ein Gerichtsverfahren gegen Sie?

Frage 36 Sind Sie gesund oder leiden Sie an einer Krankheit?

Hintergrundinformation

Nur für die Tätigkeit relevante Fragen sind erlaubt.

Natürlich ist ein Personalentscheider daran interessiert, ob ein neuer Mitarbeiter gesund ist und belastbar wäre. Die Frage nach Krankheiten ist jedoch unzulässig, wenn nur der generelle Gesundheitszustand abgefragt wird. Fragen nach der Gesundheit sind nur erlaubt, soweit sie für die künftige Tätigkeit des Arbeitnehmers von Bedeutung sind. Zum Beispiel die Frage nach Allergien gegen Stoffe, mit denen der Bewerber bei seinen neuen Aufgaben in Berührung kommen würde oder die Frage nach Bandscheibenschäden bei einem Fernfahrer.

Das Gleiche gilt für die Frage nach Alkohol- oder Drogenabhängigkeit. Diese Frage ist nur erlaubt, wenn die Sucht den Arbeitnehmer an der Ausübung seiner künftigen Tätigkeit hindert, beispielsweise als Pilot.

Auch bei einer HIV-Infektion – vor Ausbruch der Krankheit – ist die Frage nur zulässig, wenn die Infektion wegen des Blutkontaktes Auswirkungen auf die auszuübende Tätigkeit haben könnte, z. B. in medizinischen Berufen.

Nicht immer relevant: chronische Erkrankungen.

Nach chronischen Erkrankungen, wie z. B. Rückenleiden, Magen-Darm-Problemen oder Migräne gefragt, muss der Arbeitnehmer nur dann wahrheitsgetreu antworten, wenn die Krankheitssymptome so stark vom normalen Gesundheitszustand abweichen, dass der Arbeitgeber im Fall der Beschäftigung zur Kündigung berechtigt wäre.

Tipp

Vorsicht – beantworten Sie eine zulässige Frage wahrheitswidrig, müssen Sie damit rechnen, dass der Arbeitgeber den Arbeitsvertrag wegen Irrtums oder arglistiger Täuschung anfechten wird, wenn die Lüge ans Tageslicht kommt. Voraussetzungen für das Anfechtungsrecht des Arbeitgebers sind:

- Die Frage war zulässig.
- Der Bewerber hat den Arbeitgeber mit seiner Antwort über den wahren Sachverhalt getäuscht.
- Die Tatsachen, die der Bewerber verschwiegen oder falsch dargestellt hat, haben Auswirkungen auf seine Tätigkeit im Unternehmen.
- Der Irrtum war ursächlich für den Abschluss des Arbeitsvertrags.

Formulierungsvarianten der Frage

- Sind Sie alkohol- oder drogenabhängig?
- Sind Sie an einer HIV-Infektion erkrankt?
- Leiden Sie an einer chronischen Erkrankung?

Frage 37 Sind Sie schwerbehindert?

Hintergrundinformation

Fragen nach einer Behinderung gelten gemäß § 81 Abs. 2 Sozialgesetzbuch IX als unzulässig. Schwerbehinderte Menschen dürfen nicht benachteiligt werden. Im Einzelnen gelten die Regelungen des Allgemeinen Gleichbehandlungsgesetzes (AGG). Zulässig ist die Frage, ob ein Bewerber zur Verrichtung einer beabsichtigten Tätigkeit geeignet ist. Fragt ein potenzieller Arbeitgeber im Vorstellungsgespräch danach, muss ein Bewerber auf gesundheitliche, seelische oder ähnlich schwerwiegende Beeinträchtigungen hinweisen, die eine Ausübung der vertraglich beabsichtigten Tätigkeit unmöglich machen.

Tipp

Ab einem Grad der Behinderung (GdB) von mindestens 20 spricht man von Behinderung, eine Schwerbehinderung liegt ab einem GdB von 50 vor. Personen mit einem GdB von weniger als 50, aber wenigstens 30 können auf Antrag einem schwerbehinderten Menschen gleichgestellt werden, wenn sie wegen ihrer Funktionsbeeinträchtigung(en) ohne diese Gleichstellung einen geeigneten Arbeitsplatz nicht erlangen oder nicht behalten können.

Antwortstrategie

Sie wollen, dass ein Arbeitsvertrag zustande kommt.

Sie haben selbst ein Interesse daran, dass ein Arbeitsvertrag zustande kommt, dessen Anforderungen Sie gerecht werden können. Vermögen Sie eine Tätigkeit aufgrund einer Schwerbehinderung nur eingeschränkt oder nicht in der vorgesehenen Art und Weise auszuüben oder aufgrund einer bevorstehenden Operation oder Kur nicht zum vorgesehenen Zeitpunkt zu beginnen, müssen Sie das Ihrem potenziellen Arbeitgeber mitteilen. Bei einer Schwerbehinderung, die keine unmittelbaren Auswirkun-

Ihr GdB ein Vorteil für den Arbeitgeber?

gen auf die auszuübende Tätigkeit hat, sind Sie nicht offenbarungspflichtig.
Allerdings sollten Sie im Vorfeld eines Vorstellungsgesprächs prüfen, ob die Angabe Ihres GdB vielleicht sogar Vorteile für Ihren Arbeitgeber und Sie haben könnte. Dies ist in der Regel ab einem GdB von 30 der Fall, ab dem eine Gleichstellung möglich ist. Informationen dazu erhalten Sie beim Sozialverband VdK Deutschland.

Formulierungsvariante der Frage

- Sind Ihre körperlichen oder geistigen Fähigkeiten aufgrund einer Behinderung eingeschränkt?

Frage 38 Leben Sie in geordneten Vermögensverhältnissen?

Hintergrundinformation

Natürlich wollen Personaler im Vorstellungsgespräch möglichst viel über den potenziellen Mitarbeiter erfahren. Die Frage nach Ihren Vermögensverhältnissen ist aber nur erlaubt, wenn diese Einfluss auf die zu besetzende Stelle haben könnten. Zum Beispiel bei einem Kassierer einer Bank oder bei besonderen Vertrauenspositionen. Dennoch bewegen sich Arbeitgeber mit ihren Fragen oft am Rande des Erlaubten. Hier empfiehlt sich Ruhe und Sachlichkeit. Lassen Sie sich nicht provozieren, sondern reagieren Sie freundlich.

Tipp

Oft ist es besser, unzulässige Fragen zu umschiffen oder doch wahrheitsgemäß zu beantworten, statt zu lügen – auch wenn Sie das Recht dazu haben. Denn Lügen haben sprichwörtlich kurze Beine. Kommt eine Lüge ans Licht, ist das Vertrauens- und damit häufig auch das Arbeitsverhältnis zerrüttet.

Antwortstrategie

Heikle Punkte vorher gedanklich durchgehen.

Als gut vorbereiteter Bewerber wissen Sie, welche Fragen zulässig sind und welche nicht. Überlegen Sie jedoch gut, ob Sie ein Arbeitsverhältnis auf einer Lüge aufbauen wollen, indem Sie z. B. die abzusehende Gehaltspfändung verschweigen. Denn der Arbeitgeber erfährt in absehbarer Zeit ohnehin davon. Und dann sind das Vertrauen und auch das gute Arbeitsverhältnis dahin. Deshalb lohnt es sich, in der Vorbereitung auf ein Vorstellungsgespräch für solche heiklen Fragen ehrliche Antworten zu finden, mit denen Sie und der Personalentscheider leben können. Denn oftmals kommt es darauf an, wie Sie etwas sagen! Wenn der Personalverantwortliche registriert, dass Sie sich über heikle Punkte Gedanken gemacht haben, fühlt er sich in seiner Arbeit ernst genommen und wird sehr viel wohlwollender mit möglichen »Knackpunkten« umgehen.

Formulierungsvarianten der Frage

- Haben Sie Schulden?
- Sind oder waren Sie schon einmal privat insolvent?

Frage 39 Sind Sie in einem Verein oder einer Organisation tätig?

Hintergrundinformation

Fragen nach der Zugehörigkeit zu Vereinen oder Organisationen sind einem Personaler nicht erlaubt. Grundsätzlich gehen private Aktivitäten einen Arbeitgeber nichts an. Allerdings besteht für Sie kein Grund, eine Mitgliedschaft z. B. in einem Sport- oder Musikverein zu verheimlichen. Im Gegenteil. Sie zeigen damit eine Facette Ihrer Persönlichkeit und weitere Fähigkeiten.

Bei Tendenzbetrieben ist es anders.

Fragen nach Ihrer Konfession sowie der Zugehörigkeit zu einer Gewerkschaft oder Partei sind nicht zulässig. Ausnahme: Wenn es um einen Arbeitsplatz in einem Tendenzbetrieb geht. Tendenzbetriebe haben neben wirtschaftlichem Erfolg weitere Ziele, z. B. politische, religiöse oder ethische. Alle kirchlichen Einrichtungen, politischen Parteien und Gewerkschaften sind Tendenzbetriebe. Personalentscheider dieser Einrichtungen dürfen bei der Auswahl des Bewerbers entsprechende Fragen stellen.

Tipp

Die Frage nach der Zugehörigkeit zu Scientology darf der Arbeitgeber unter Umständen stellen. Das Bundesarbeitsgericht (BAG) hat in einem Beispielfall klargestellt, dass die religiösen oder weltanschaulichen Lehren von Scientology nur als Vorwand für die Verfolgung wirtschaftlicher Ziele dienen. Damit gilt Scientology in Deutschland nicht als Religionsgemeinschaft.

Formulierungsvarianten der Frage

- Sind Sie Mitglied in einer Gewerkschaft?
- Engagieren Sie sich in einer Partei?
- Gehören Sie einer Religionsgemeinschaft an?

Frage 40 Was sollten wir noch über Sie wissen?

Hintergrundinformation

Ihre Chance: Was spricht noch für Sie?

Mit dieser Frage versuchen einige Personaler, dem Bewerber meist gegen Ende des Vorstellungsgesprächs noch etwas zu entlocken. Wenn die Anspannung langsam abfällt, fällt oft auch die Fassade – so die Erfahrung der Interviewer. Seien Sie also vorsichtig mit unkonzentrierten, flapsigen und humoristischen Antworten. Damit können Sie in letzter Minute den Erfolg des Gesprächs zunichtemachen. Andererseits sollten Sie diese Frage auch nicht ungenutzt lassen. Denn hier haben Sie noch einmal die Möglichkeit, auf Dinge hinzuweisen, die besonders für Sie als neuen Mitarbeiter sprechen.

Tipp

Vorsicht – behalten Sie bis zum Schluss Ihre Konzentration bei. Ein Vorstellungsgespräch ist erst dann zu Ende, wenn Sie sich von Ihren Gesprächspartnern verabschiedet haben, das Unternehmensgebäude verlassen haben und sich außerhalb der Sichtweite des Unternehmens befinden.

Beispiele für eine Antwort

- »Die wesentlichen Dinge habe ich Ihnen schon erzählt. Besonders wichtig ist es mir, dass Sie wissen, dass ich sehr motiviert bin und solide Voraussetzungen mitbringe, um bei Ihnen eine gute Arbeit leisten zu können.«
- »Fachlich habe ich alle Punkte genannt. Abschließend möchte ich noch einmal betonen, dass ich es mir sehr gut vorstellen kann, in Ihrem Unternehmen zu arbeiten. Ich habe den Eindruck, dass ich mich persönlich wohl fühlen würde und meine Erfahrungen gut einbringen könnte.«

Formulierungsvariante der Frage

- Erzählen Sie uns noch eine kleine Anekdote aus Ihrem Leben!

Frage 41 In welcher Hinsicht war Ihr Vorgesetzter besonders mit Ihnen zufrieden?

Hintergrundinformation

Gestalten Sie das Verhältnis zu Ihrem Vorgesetzten produktiv?

Auch diese Frage bedient sich zirkulärer Fragetechnik. Ein Personaler will damit nicht nur herausfinden, welchen Beitrag Sie bei Ihrem alten Arbeitgeber geleistet haben. Er hinterfragt damit auch, wie gut Sie mit Ihrem Vorgesetzten im Austausch standen. Denn nur wenn Sie gute Arbeit geleistet haben und dafür von Ihrem Vorgesetzten gelobt wurden beziehungsweise aktiv Rückmeldung eingefordert haben, können Sie diese Frage wahrheitsgemäß beantworten. Vorgesetzte sind erfahrungsgemäß dann mit ihren Mitarbeitern zufrieden, wenn diese:

Das schätzt der Chef an mir.

- mitdenken und Initiative zeigen,
- verantwortungsbewusst und zuverlässig sind,
- einen hohen Leistungsanspruch haben,
- aus Fehlern lernen,
- sachliche Kritik annehmen können,
- Probleme lösen und Arbeitsaufwand verringern,
- für neue Aufgaben offen und lernfähig sind,
- sich flexibel auf unterschiedliche Situationen und Personen einstellen können und
- sich freuen, gerade in diesem Unternehmen zu arbeiten.

Natürlich können und sollten Sie auch besondere Kompetenzen (z. B. sehr gute Sprachkenntnisse) und / oder Leistungen (z. B. Umsatzsteigerung um zehn Prozent) ansprechen. Denken Sie auch an Prämien und an weitere Gratifikationen, die Sie für besondere Leistungen erhalten haben.

Formulierungsvarianten der Frage

- Welchen besonderen Nutzen hatte Ihr voriger Arbeitgeber durch Sie?
- Wie hoch war Ihr Zielerreichungsgrad beim vorigen Arbeitgeber?

Frage 42 Wie können Sie besonders zum Erfolg unserer Firma beitragen?

Hintergrundinformation

Ein Personalverantwortlicher stellt diese zusammenfassende Frage meistens gegen Ende eines Vorstellungsgesprächs. Er will damit zweierlei prüfen: erstens, ob Sie prägnant darstellen können, welche fachlichen Fähigkeiten und persönlichen Eigenschaften Sie zum Nutzen der Firma einsetzen, und zweitens, ob Sie sich selbst widersprechen. Denn im Verlauf des Gesprächs wurden Ihnen bereits an verschiedenen Stellen Fragen zu Ihrem Charakter und zu Ihren Kompetenzen gestellt.

Behalten Sie den gesamten Gesprächsverlauf im Auge.

Tipp

Vorsicht – einzelne Fragen im Verlauf eines Vorstellungsgesprächs können sich aufeinander beziehen. Außerdem werden oft die gleichen Fragen mit anderen Worten mehrmals zu verschiedenen Zeitpunkten im Interview gestellt. Wer sich hier widerspricht, ist unglaubwürdig und fällt raus.

Antwortstrategie

Bei dieser Frage geht es um eine Zusammenfassung des bereits Gesagten. Fokussieren Sie dabei auf die folgenden drei Bereiche:

- Motivation: was Sie antreibt, in diesem Unternehmen und auf dieser Position arbeiten zu wollen.
- Persönlichkeit: welche besonderen Eigenschaften Sie mitbringen, die es anderen einfach machen, mit Ihnen zusammenzuarbeiten.
- Qualifikation: welche besonderen Fähigkeiten Sie mitbringen, die für die Aufgabenerledigung nützlich ist.

Formulierungsvarianten der Frage

- Welchen Beitrag können Sie zum Erfolg unseres Unternehmens leisten?
- Welche besonderen Kompetenzen bringen Sie mit?

Frage 43 Was unterscheidet Sie von anderen Bewerbern?

Hintergrundinformation

Stellen Sie sich nicht auf Kosten anderer gut dar.

Ein Personalverantwortlicher stellt Ihnen im Gespräch an verschiedenen Stellen Testfragen dieser Art. Diese Frage zielt z. B. nicht nur auf das, was Sie besonders auszeichnet, sondern auch auf Ihre Teamfähigkeit und auf Ihre Loyalität. Mit Antworten, in denen Sie sich selbst übertrieben eitel darstellen oder in denen Sie sich selbst hervorheben, indem Sie schlecht über andere reden, katapultieren Sie sich selbst zum Ende eines guten Gesprächs ins Aus.

Antwortstrategie

- Reden Sie nicht über andere, reden Sie über sich.
- Fassen Sie noch einmal die drei Hauptargumente zusammen, die für Sie sprechen.
- Nennen Sie je ein Argument, das sich auf Ihre Motivation, Ihre Persönlichkeit und Ihre Qualifikation bezieht.

Tipp

Vorsicht – das ist eine Testfrage zu Ihrer Loyalität und zu Ihrer Teamfähigkeit. Wer sich in seiner Antwort über den grünen Klee lobt und auf Kosten anderer gut darstellt, fällt unangenehm auf. Ein Personalverantwortlicher schließt daraus, dass der Umgang mit ihm eher schwierig ist und stellt ihn deshalb nicht ein.

Formulierungsvarianten der Frage

- Was können Sie mehr oder besser als andere Bewerber?
- Sind Sie der Meinung, den anderen Bewerbern voraus zu sein?
- Im Vergleich zu anderen Bewerbern: warum Sie?

Frage 44 Warum sollten wir gerade Sie einstellen?

Hintergrundinformation

Warum würden Sie sich selbst einstellen?

Diese Frage gehört zu den am häufigsten gestellten Fragen in Vorstellungsgesprächen. Sie wird von Personalentscheidern meist gegen Ende des Gesprächs gestellt. Sie zielt darauf ab, von einem Bewerber abschließend ein rundes Bild zu bekommen. Der Interviewer erfährt durch die Antwort, was der Bewerber von all dem Gesagten am Ende noch einmal zusammenfassend hervorhebt. So bekommt er Aufschluss darüber, was dem Bewerber besonders wichtig ist.

Antwortstrategie

Stellen Sie sich diese Frage einmal selbst: »Würden Sie sich als Mitarbeiter einstellen, und wenn ja, warum?« Überlegen Sie ehrlich, was besonders für Sie als Mitarbeiter spricht:

- Ihre persönlichen Eigenschaften, die es für andere angenehm machen, mit Ihnen zusammenzuarbeiten?
- Ihre speziellen Fähigkeiten, die sehr gut zur Aufgabenstellung passen?
- Eine besonders hohe Leistungsmotivation, die Sie zum Nutzen des Unternehmens einbringen können?

Bei Ihrer Antwort geht es nicht um eine möglichst ausführliche Argumentation, sondern darum, den Interviewer in wenigen Sätzen abschließend zu überzeugen.

Beispiel für eine Antwort
»Ich bringe gute fachliche Voraussetzungen mit, um die beschriebenen Aufgaben zu erfüllen. In unserem Gespräch habe ich den Eindruck gewonnen, dass ich mich in Ihrem Unternehmen wohlfühlen kann. Und ich bin sehr motiviert, für ein so erfolgreiches Unternehmen zu arbeiten.«

Formulierungsvariante der Frage

- Nennen Sie uns ein schlagendes Argument, warum Sie die Stelle bekommen sollten!

Frage 45 Können Sie uns davon überzeugen, dass Sie für uns der geeignete Mitarbeiter sind?

Hintergrundinformation

Bleiben Sie souverän.

Ist ein Personalentscheider noch nicht davon überzeugt, dass ein Bewerber der richtige Mitarbeiter wäre, stellt er diese Frage. Es ist aber auch durchaus üblich, den Bewerber gegen Ende eines guten Gesprächs noch einmal aus der Reserve zu locken. Am besten lassen Sie sich weder provozieren noch verunsichern. Eine Antwort nach dem Motto »Also, wenn ich Sie bis jetzt nicht überzeugt habe, dann weiß ich auch nicht« wäre wenig geeignet, Ihren Interviewer zu überzeugen.

Tipp

Vorsicht – manche Fragen in einem Vorstellungsgespräch sind darauf angelegt, einen Bewerber zu verunsichern. Ein Personaler will damit herausfinden, wie glaubwürdig, selbstbewusst und selbstsicher er tatsächlich ist.

Antwortstrategie

Nutzen Sie diese Frage dazu, noch einmal auf den Punkt zu bringen, warum Sie zum Unternehmen, auf die zu besetzende Position und zur Aufgabe passen. Gehen Sie dabei nach dem folgenden Muster vor:

- Ich kann ... (Qualifikation)
- Ich bin ... (Persönlichkeit)
- Ich will ... (Motivation)

Formulierungsvarianten der Frage

- Wir sind noch nicht von Ihnen überzeugt. Nennen Sie uns drei Gründe, die besonders für Sie sprechen.
- Überzeugen Sie uns, dass Sie der beste Mitarbeiter für uns sind.

Frage 46 Was wollen Sie bei uns verdienen?

Hintergrundinformation

Gehalt – intensiv vergleichen, erfolgreich verhandeln.

Wenn ein Unternehmen das von Ihnen geforderte Gehalt nicht zahlen kann oder will, kommt kein Arbeitsvertrag zustande – egal wie gut Sie auf die ausgeschriebene Position passen. Deshalb verlangen viele Unternehmen bereits mit den Bewerbungsunterlagen Ihre Gehaltsvorstellung. Im Vorstellungsgespräch wird es dann ernst. Hier wird verhandelt.

In aller Regel wird die Frage nach dem Gehalt gegen Ende des ersten, eventuell aber auch erst in einem zweiten Vorstellungsgespräch vom Personalverantwortlichen angesprochen. Einige Unternehmensvertreter verfolgen aber auch die Strategie, gleich zu Beginn des Gesprächs die Frage nach dem Gehalt zu stellen.

Tipp

Holen Sie vor Ihrem Gespräch unbedingt Gehaltsvergleiche ein. Denn wer sich unter Wert verkauft, wird bald unzufrieden, und wer sich über Wert verkaufen will, wird erst gar nicht eingestellt. Quellen für Ihre Recherche sind:

- das Internet, wo Sie Gehaltsstudien und Gehaltsvergleiche finden (z. B. www.lohnspiegel.de),
- Berufsverbände, Gewerkschaften und Tarifverträge,
- Freunde und Bekannte, die in der gleichen Branche in ähnlichen Positionen tätig sind.

Beispiele für Antworten

- »Ich möchte gerne leistungsgerecht bezahlt werden.«
- »Ich wünsche mir eine leistungsgerechte Bezahlung, wie sie auch die anderen Leistungsträger in vergleichbaren Positionen in Ihrem Unternehmen erhalten.«
- »Ich habe mich informiert und stelle mir ein Gehalt von ... € brutto / Jahr vor.«

Formulierungsvarianten der Frage

- Welche Gehaltsvorstellungen haben Sie?
- Wie hoch ist Ihr aktuelles Gehalt?

Frage 47 Wann können Sie bei uns anfangen?

Hintergrundinformation

Sie setzen alle Hebel in Bewegung.

Mit dieser vermeintlich einfachen Frage klärt ein Personaler zwei Dinge: Erstens, ob Ihr frühestmöglicher Eintrittstermin zu den Notwendigkeiten des Unternehmens passt. Besonders Bewerber, die sich aus einem Arbeitsverhältnis heraus verändern wollen, haben längere Kündigungsfristen. Zweitens, wie es mit Ihrer Bereitschaft steht, gegebenenfalls persönliche Belange hintanzustellen. Hauptsächlich bei Kandidaten, die sich aus einer Arbeitslosigkeit heraus bewerben, sollte nichts gegen den sofortigen Arbeitsantritt sprechen.
Signalisieren Sie auf jeden Fall Bereitschaft, auf den Bedarf des neuen Arbeitgebers einzugehen. Das kann auch bedeuten, beim aktuellen Arbeitgeber zu klären, ob Sie früher aus Ihrem Arbeitsvertrag kommen.

Tipp

Vorsicht – unterschätzen Sie diese Frage nicht. So mancher Bewerber hat am Ende eines gelungenen Vorstellungsgesprächs den Erfolg zunichtegemacht, weil er danach fragte, ob er auch vier Wochen später beginnen könne, da er noch einen Urlaub geplant habe. Ein Personalentscheider schließt daraus mangelnde Einsatzbereitschaft und stellt Sie deshalb nicht ein.

Formulierungsvarianten der Frage

- Wann ist Ihr frühestmöglicher Eintrittstermin?
- Können Sie sofort bei uns anfangen?

Frage 48 Wie sehen Ihre Kündigungsfristen aus?

Hintergrundinformation

Wer sich in einem ungekündigten Arbeitsverhältnis befindet, hat gesetzlich oder vertraglich festgelegte Kündigungsfristen. Ein Personaler will mit dieser Frage aber nicht nur die Fakten klären. Er will herausfinden, wie Sie zu Ihrem Nocharbeitgeber stehen und ob Sie bei Bedarf einen früheren Ausstiegstermin vereinbaren können. Denn manchmal will oder muss ein Unternehmen eine Position schnell besetzen.

Loyalität gegenüber dem möglichen neuen ...

Wenn Sie mit Ihrem aktuellen Arbeitgeber noch nicht über Ihren beruflichen Veränderungswunsch gesprochen haben, sollten Sie im Vorstellungsgespräch zwar die Bereitschaft signalisieren, eine vorzeitige Beendigung Ihres Arbeitsverhältnisses zu prüfen, Sie sollten aber nicht zu viel versprechen. Mit Ihrem Nocharbeitgeber sollten Sie erst sprechen, wenn Ihnen der vom neuen Arbeitgeber unterschriebene Arbeitsvertrag vorliegt.

Tipp

... und dem aktuellen Arbeitgeber.

Wenn Sie befürchten, dass Ihr Nocharbeitgeber auf Einhaltung der Kündigungsfrist pochen wird, können Sie im Vorstellungsgespräch sagen, dass Sie Ihren Aufgabenbereich im alten Unternehmen ordentlich übergeben wollen und dass Sie deshalb erst zum Ende der Kündigungsfrist zur Verfügung stehen können. Ein neuer Arbeitgeber sollte dafür Verständnis haben, denn er würde sich das Gleiche von seinen Mitarbeitern wünschen.

Formulierungsvarianten der Frage

- Wann kommen Sie frühestens aus Ihrem Arbeitsvertrag heraus?
- Können Sie mit Ihrem Arbeitgeber reden, ob Sie früher bei uns anfangen können?

Frage 49 Wie organisieren Sie Ihren Umzug?

Hintergrundinformation

Berufs- und Privatleben? Das passt schon.

Bewerben Sie sich in einer anderen Stadt, möchte ein Personalverantwortlicher wissen, ob und wie Sie einen Umzug planen. Ein Umzug oder eine Distanzbeziehung haben große Auswirkungen auf das Privat- und Familienleben. Personalverantwortlichen ist bewusst, dass es für die Zufriedenheit und die Gesundheit von Mitarbeitern wichtig ist, das Privat- und Familienleben geregelt zu haben. Obwohl Ihr Privatleben den Personaler in einem Vorstellungsgespräch nichts angeht, besteht kein Grund, hier nicht offen und ehrlich zu sein.

Antwortstrategie
Erzählen Sie dem Interviewer, wie Sie sich den Einstieg in das Unternehmen weit ab Ihrer Heimat gedacht haben. Das Einzige, was ein Personalentscheider nicht will, ist, dass Sie über lange Jahre zwischen zwei Leben hin- und herpendeln.

Tipp

Bei größeren Unternehmen gibt es in der Regel Unterstützung für neue Mitarbeiter, die aus einer anderen Region umziehen. Gerade für die Probezeit, in der neue Mitarbeiter häufig noch als Wochenendpendler in der neuen Stadt wohnen, können Firmen Tipps z. B. zum Wohnen auf Zeit geben.

Formulierungsvarianten der Frage

- Sie haben Familie. Wie können Sie den Ortswechsel mit Ihrem Privatleben vereinbaren?
- Wird Ihre Familie Ihnen an den neuen Standort folgen?

Frage 50 In welchem Umfang können Sie sich bereits vor Arbeitsantritt einarbeiten?

Hintergrundinformation

Frühstart erwünscht.

Mit dieser Frage will ein Personalentscheider in Erfahrung bringen, wie groß Ihre Einsatzbereitschaft und Ihr Engagement sind. Wer hier nach dem Motto antwortet: »Ich fange erst an zu arbeiten, wenn ich dafür bezahlt werde«, hinterlässt keinen guten Eindruck. Ein guter Einstieg bei Ihrem neuen Arbeitgeber sollte in Ihrem eigenen Interesse liegen. Dafür ist manchmal ein Einsatz vor Arbeitsantritt nötig.
Schätzen Sie realistisch ein, wie viel Zeit und Energie Sie vor Arbeitsantritt aufbringen können und bleiben Sie bei Ihrer Antwort beim Machbaren. Wer mehr verspricht, als er später halten kann, fällt schnell unangenehm auf. Damit setzen Sie sich selbst unter Druck.

Tipp

Manchmal ist es nötig, sich bereits vor Arbeitsantritt in ein Thema einzuarbeiten oder eine neue Fähigkeit zu erwerben. Zeigen Sie in einem Vorstellungsgespräch die Bereitschaft dafür. Immerhin sitzen Sie Ihrem potenziellen Arbeitgeber gegenüber.

Beispiel für eine Antwort
»Gut, dass Sie das fragen. Denn ich bin natürlich an einem reibungslosen Einstieg interessiert. Darf ich umgekehrt Sie fragen, wie ich mich am besten vorbereiten kann? Gibt es ein Einarbeitungshandbuch, Schulungen für die Firmensoftware oder Dinge, die ich tun kann? Neben dem ordentlichen Abschluss meiner jetzigen Arbeitsstelle kann und will ich einige Stunden pro Woche dafür investieren.«

Formulierungsvarianten der Frage

- Haben Sie Kapazitäten, sich bereits im Vorfeld des Arbeitsantritts in unser Produktportfolio einzuarbeiten?
- Sind Sie bereit, im Vorfeld Ihres Arbeitsantritts an einer Fachschulung teilzunehmen?

Frage 1 Wurde die Position neu geschaffen oder wird sie neu besetzt?

Hintergrundinformation

Stimmt etwas nicht mit der neuen Stelle?

Sind Sie an einer längerfristigen Arbeitsbeziehung mit einem guten Arbeitgeber und auf einer guten Stelle interessiert? Wenn ja, ist eine Antwort auf diese Frage wichtig für Sie. Denn manche Stellen in Unternehmen sind »Durchlauferhitzerstellen«, auf denen es kein Mitarbeiter lange aushält. Gründe dafür können sein:

- ein schwieriger Vorgesetzter,
- ein schwieriges Team / schwierige Kollegen,
- fehlende Zielvereinbarungen,
- undurchsichtige Unternehmenshierarchie,
- zu hohe Erwartungen an den Stelleninhaber (z. B. zu hohe Umsatzvorgaben),
- ein schwieriges Markt- und Kundenumfeld
- belastende Arbeitsbedingungen.

Besonders dann, wenn Sie aus einem bestehenden Arbeitsverhältnis wechseln wollen, sollten Sie genau prüfen, worauf Sie sich einlassen würden und worauf nicht. Im Zweifel ist es besser, weiterzusuchen, statt sich zu verschlechtern und bald wieder zu kündigen.

Tipp

Vorsicht – wenn ein voriger Stelleninhaber die Stelle nur sehr kurz innehatte, sollten Sie am besten noch einige Nachfragen stellen:

- Können Sie mir etwas über die Gründe für die kurze Besetzungsdauer sagen?
- Weshalb war die Stelle nur für eine relativ kurze Zeit besetzt?

Formulierungsvarianten der Frage

- Was sind die Hintergründe für die Neuschaffung der Position?
- Aus welchem Grund wird die Position neu besetzt?
- Wie lange hatte der bisherige Stelleninhaber seine Position inne?

Frage 2 Wer ist mein direkter Vorgesetzter?

Hintergrundinformation

Der Chef entscheidet – ob Sie zufrieden sind.

Klar definierte Unternehmenshierarchien, transparente Kommunikationswege und konkrete Zielvorstellungen sind wichtige Voraussetzungen dafür, gute Arbeit leisten zu können. Elementar ist die Vorgesetztenstruktur und der unmittelbare Vorgesetzte. Nach repräsentativen Umfragen ist er der Hauptauslöser, wenn Mitarbeiter unzufrieden werden. Grund genug, sich über ihn im Vorfeld einer Anstellung zu informieren. Nutzen Sie das Vorstellungsgespräch, um in Erfahrung zu bringen, was Sie erwarten würde. Besonders bei Aufgaben mit Führungsverantwortung sollten Sie sich nach der Unternehmensstruktur und der Unternehmenshierarchie erkundigen und prüfen, ob Sie diese mittragen können.

Relevante Kriterien

Überlegen Sie, was Ihnen bei Ihrem Vorgesetzten besonders wichtig ist, beispielsweise:

- transparente und offene Kommunikation, auch über seine Erwartungen,
- Kritikfähigkeit,
- Delegation von Verantwortung,
- Fairness.

Tipp

Informieren Sie sich vorab über Personen.

Wenn Sie bereits vor einem Vorstellungsgespräch den Vor- und Nachnamen Ihres potenziellen Vorgesetzten in Erfahrung bringen, können Sie im Internet recherchieren. Vielleicht finden Sie interessante Informationen über seine Persönlichkeit, seinen Werdegang und andere Details Ihres vielleicht zukünftigen Chefs heraus.

Formulierungsvarianten der Frage

- An wen berichte ich?
- Arbeiten Sie mit Zielvorgaben oder Zielvereinbarungen?
- Gibt es regelmäßige Feedbackgespräche?

Frage 3 **Wie groß ist das Team, in dem ich arbeiten werde?**

Hintergrundinformation

Ich kann Team – aber kann das Team auch mit mir?

Arbeitnehmer verbringen mehr Zeit mit ihren Kollegen als mit Freunden und der Familie. Die Teamgröße und -struktur haben Einfluss auf die Zusammenarbeit und damit auf Ihr Wohlbefinden. Als Mitarbeiter eines Teams werden Sie schnell bemerken:

- wer im Team den Ton angibt,
- mit wem Sie gut und mit wem Sie weniger gut auskommen,
- wen Sie sympathisch finden und wen nicht,
- wer welche Fähigkeiten hat,
- wie die Arbeit verteilt wird,
- wer sich vor Aufgaben drückt.

Versuchen Sie bereits im Vorstellungsgespräch Details über das Team herauszufinden, in dem Sie zu arbeiten hätten, und prüfen Sie dann, ob Sie sich mit den zukünftigen Kollegen wohlfühlen könnten.

Manchmal haben Sie auch die Gelegenheit, zukünftige Kollegen bereits in einem Vorstellungsgespräch kennenzulernen. Nutzen Sie diese Chance und fragen Sie sie nach ihren Vorstellungen zur Zusammenarbeit.

Relevante Kriterien

Überlegen Sie, was Ihnen bei Ihren Kollegen und in einem Team wichtig ist, z. B.:

- regelmäßige Teamsitzungen,
- klare Absprachen,
- kompetente Teamkollegen,
- professionelles Konfliktmanagement,
- Teamentwicklung.

Formulierungsvarianten der Frage

- Wie ist das Team personell und fachlich zusammengesetzt?
- Wie ist in Ihrem Unternehmen die Zusammenarbeit im Team organisiert?
- Mit wem teile ich meinen Arbeitsplatz?

Frage 4 Wie sieht mein Aufgabengebiet konkret aus?

Hintergrundinformation

Fordert mich!

Außer den Menschen, mit denen Sie zusammenarbeiten werden, spielt auch der Aufgabenbereich, den Sie bearbeiten werden, eine wichtige Rolle für Ihre Arbeitszufriedenheit. Arbeit macht dann Spaß, wenn die Aufgaben weder unter- noch überfordern. Einen ersten Abgleich der Anforderungen mit Ihren Kompetenzen haben Sie bereits bei der Stellenauswahl vorgenommen. Nutzen Sie das Vorstellungsgespräch, um präzise zu klären, ob Ihre fachlichen, methodischen und sozialen Kompetenzen auch wirklich zu den Aufgaben passen.

Relevante Kriterien

Überlegen Sie, was Ihnen bei Ihrer Aufgabe besonders wichtig ist, z. B.:

- anspruchsvolle Tätigkeiten,
- Entscheidungs- und Gestaltungsspielraum,
- Verantwortung über einen eigenen Sachbereich,
- eine klar definierte Aufgabengewichtung.

Tipp

Geben Sie sich nicht mit vagen Auskünften zufrieden.

Haken Sie nach, wenn Ihr Gesprächspartner die künftigen Aufgaben nur sehr vage beschreibt. Wer sich mit unpräzisen Aussagen zufriedengibt, den erwarten womöglich unliebsame Überraschungen im neuen Unternehmen. Spätestens bei Unterschrift unter einen Arbeitsvertrag sollten Ihre Aufgaben in einer Aufgaben- und Tätigkeitsbeschreibung definiert und fixiert sein. Diese Beschreibung ist Teil des Arbeitsvertrages. Sie gibt beiden Seiten Handlungssicherheit.

Formulierungsvarianten der Frage

- Wie sind meine Aufgaben gewichtet?
- Wie genau ist mein Verantwortungsbereich abgesteckt?
- Wie selbstständig kann ich arbeiten, welche Entscheidungen selbst treffen?

Frage 5 Wie wird mein Arbeitsplatz aussehen?

Hintergrundinformation

Schließlich verbringen Sie hier sehr viel Zeit.

Im Rahmen einer Bewerbungssituation bestehen zwischen Bewerber und Unternehmen wechselseitige Offenbarungs- oder Aufklärungspflichten. Das heißt, beide Parteien müssen unaufgefordert alle Umstände offenlegen, die einer Ausübung der infrage kommenden Tätigkeit entgegenstehen können. Die Offenbarungspflicht des Arbeitgebers bezieht sich auch auf die Arbeitstätigkeit und den Arbeitsplatz, wenn:

- die Tätigkeit mit besonderen Gefahren oder Risiken, z. B. gesundheitlicher Art, verbunden ist,
- eine Pflicht zum Tragen spezieller Schutz-, Arbeits- oder Dienstkleidungen besteht.

Fragen Sie konkret nach diesen Dingen, wenn sie für Ihr Berufsbild relevant sind. Das ist in vielen gewerblichen, handwerklichen, sozialen und medizinischen Bereichen der Fall sowie bei Laborberufen.

Relevante Kriterien

Überlegen Sie, was Ihnen an Ihrem Arbeitsplatz besonders wichtig ist, beispielsweise:

- eine ergonomische Sitzmöglichkeit,
- Fenster, Tageslicht und frische Luft,
- moderne technische Ausstattung,
- Einhaltung der Sicherheitsbestimmungen.

Formulierungsvarianten der Frage

- Wie ist mein Arbeitsplatz technisch ausgestattet?
- Welche Arbeitsmittel werden mir zum Arbeiten zur Verfügung gestellt?
- Ist es möglich, den Arbeitsplatz einmal zu sehen?

Frage 6 Wie stellen Sie sich den idealen Mitarbeiter vor?

Hintergrundinformation

Ein Vorstellungsgespräch dient auch zu Ihrer Information.

Wenn Sie wissen, was Ihr potenzieller Arbeitgeber von seinen Mitarbeitern erwartet, können Sie prüfen, ob Sie seine Erwartungen auch erfüllen können und wollen. Deshalb lohnt es sich, bereits im Vorstellungsgespräch danach zu fragen, wie sich die andere Seite einen idealen Mitarbeiter vorstellt. Die Erwartungen an Mitarbeiter beziehen sich erfahrungsgemäß auf die folgenden Punkte:

- Eigeninitiative und Einsatzbereitschaft,
- Zuverlässigkeit und Sorgfalt,
- Anspruch an die eigene Leistung,
- Kritikfähigkeit,
- Aufgeschlossenheit,
- Flexibilität, Mobilität, Belastbarkeit,
- Bindung zum Unternehmen,
- Fachwissen (Expertenwissen),
- besondere Fähigkeiten,
- Methodenkompetenz,
- eventuell Führungskompetenz.

Tipp

Beteiligen Sie sich aktiv am Gespräch.

Trauen Sie sich, Ihrem Gegenüber diese Frage zu stellen. Ein guter Personalverantwortlicher wird Ihnen darauf gerne Auskunft geben. Denn er weiß, dass gegenseitig geklärte Erwartungen zu guten und belastbaren Entscheidungen beitragen.

Formulierungsvarianten der Frage

- Welche besonderen Erwartungen haben Sie an Ihren neuen Mitarbeiter?
- Womit kann ein Mitarbeiter Sie angenehm überraschen?
- Wann sind Sie mit einem Mitarbeiter zufrieden?

Frage 7 Was schätzen Sie an Ihrem Unternehmen?

Hintergrundinformation

Ihre Chance für einen Blick hinter die Kulissen.

In einem Vorstellungsgespräch haben Sie Firmenvertreter als Gesprächspartner, die das Unternehmen, in dem Sie arbeiten wollen, seit längerer Zeit kennen. Nutzen Sie das und bringen Sie in Erfahrung, wie es um das Betriebsklima im Unternehmen bestellt ist. Menschen arbeiten erfahrungsgemäß gerne in einem Unternehmen, wenn

- ein freundlicher Umgangston herrscht,
- offen und ehrlich kommuniziert wird,
- es untereinander fair und gerecht zugeht,
- es ein gutes Image hat,
- es dauerhaft erfolgreich wirtschaftet.

Überlegen Sie, was Ihnen besonders wichtig ist! Worauf würden Sie sich einlassen, worauf nicht. Mit welcher Antwort Ihres Gesprächspartners wären Sie zufrieden?

Tipp

Sogar Personaler formulieren manchmal verräterisch.

Seien Sie vorsichtig, wenn Ihr Gesprächspartner auf diese Frage schlecht über seinen eigenen Arbeitgeber spricht, z. B. spitze Bemerkungen über seine Chefs oder Kollegen fallen lässt. Die Illoyalität eines Firmenvertreters deutet nahezu immer auf eine schwierige Unternehmenskultur hin. Wo das Arbeitsklima vergiftet ist, werden Sie bald unzufrieden sein.

Formulierungsvarianten der Frage

- Seit wann arbeiten Sie im Unternehmen?
- Arbeiten Sie gerne im Unternehmen?
- Wie würden Sie das Arbeitsklima in Ihrem Unternehmen beschreiben?

Frage 8 Welche Weiterbildungsmöglichkeiten gibt es im Unternehmen?

Hintergrundinformation

Sie halten sich für Ihr Unternehmen auf dem Laufenden, ...

Lebenslanges Lernen ist wichtig, um sich für die aktuellen und künftigen Aufgaben, aber auch für den Arbeitsmarkt fit zu halten. Und zwar keineswegs nur für den beruflichen Aufstieg. Auch sonst gilt es, sich beruflich zu entwickeln und mit immer neuen Anforderungen zurechtzukommen.

Und das heißt auch: imstande sein, immer wieder einen neuen Arbeitgeber zu finden, wenn es nötig wird. Hierzu ist es wichtig, dass Sie Ihre fachlichen, methodischen und sozialen Kompetenzen in Ihrem Arbeitsbereich auf dem neuesten Stand halten. Und dabei sollte jeder Arbeitgeber auch eine soziale Verantwortung übernehmen. Fragen Sie deshalb bereits im Vorstellungsgespräch danach, wie das Unternehmen seine Mitarbeiter fördert.
Behalten Sie bei dieser Frage Ihre Qualifikation und Ihren möglichen Tätigkeitsbereich im Unternehmen im Auge. Wenn Sie sich z. B. auf eine Führungsposition beworben haben, spielen die Mitarbeiterförderung und die Aufstiegsmöglichkeiten eine größere Rolle für Sie, als wenn Sie sich für eine gewerbliche Anlerntätigkeit beworben haben.

... aber unterstützt Sie das Unternehmen dabei?

Relevante Kriterien
Überlegen Sie, was Ihnen für Ihre berufliche Entwicklung wichtig ist, beispielsweise:
- ein Personalentwicklungsprogramm,
- regelmäßige innerbetriebliche Schulungen,
- finanzielle Beihilfe für externe Kurse,
- Zeit für berufsbegleitende Fortbildungen,
- Aufstiegsmöglichkeiten im Unternehmen.

Tipp

Vorsicht – wenn Sie in den vergangenen Jahren keine Weiterbildung absolviert haben und/oder in Ihrem Arbeitsbereich Weiterbildungen generell eine geringe Rolle spielen, sollten Sie diese Frage nicht stellen.

Formulierungsvarianten der Frage
- Wie fördert das Unternehmen seine Mitarbeiter?
- Wie sehen Sie mein Entwicklungspotenzial im Unternehmen?
- Welche Aufstiegschancen gibt es in Ihrem Unternehmen?

Frage 9 Wie wird meine Einarbeitung aussehen?

Hintergrundinformation

Werden Sie »ins kalte Wasser« geworfen ...

Je professioneller ein neuer Mitarbeiter eingearbeitet wird, desto schneller kann er produktiv arbeiten und desto zufriedener ist er. Dies konnte in zahlreichen Studien belegt werden. Allerdings ist diese Einsicht noch nicht bei allen Arbeitgebern angekommen. Manche Unternehmen werfen ihre neuen Mitarbeiter sprichwörtlich »ins kalte Wasser« und wundern sich dann, warum es so lange dauert, bis diese ihre Aufgaben gut erledigen können.

... oder professionell und kollegial eingearbeitet?

Deshalb ist es wichtig, bereits im Vorstellungsgespräch zu fragen, wie sich der potenzielle Arbeitgeber eine Einarbeitung vorstellt. Sollte es keine strukturierte Einarbeitung geben, haben Sie zumindest die Möglichkeit, danach zu fragen, wie Sie sich selbst auf die Arbeitsstelle vorbereiten können.
Sei es durch eigenes Literaturstudium, einen Intensivkurs in »Business Englisch«, eine Auffrischung in der Beherrschung einer Computersoftware oder einen fachlichen Workshop – mit einer guten Vorbereitung werden Sie sehr viel gelassener in ein neues Arbeitsverhältnis starten können. Deshalb lohnt sich der Aufwand.

Relevante Kriterien

Überlegen Sie, was Ihnen bei Ihrer Einarbeitung wichtig ist, z. B.:

- ein strukturierter Einarbeitungsplan,
- ein Mentor in den ersten drei Monaten,
- regelmäßige Feedbackgespräche,
- begleitende Schulungen.

Tipp

Wer eine Frage stellt, muss damit rechnen, eine Antwort zu bekommen, die er nicht gerne hört. Es ist jedoch allemal besser, bereits vor einer Einstellung zu erfahren, was auf Sie zukommen würde, als danach enttäuscht zu werden.

Formulierungsvarianten der Frage

- Existiert ein Einarbeitungsplan für neue Mitarbeiter?
- Gibt es eine bestimmte Person, einen Mentor, der mich einarbeiten wird?
- Wie kann ich mich auf die Arbeitsstelle vorbereiten?

Frage 10 Welche Arbeitszeitregelung gilt auf der Position?

Hintergrundinformation

Sie brauchen moderne Arbeitsbedingungen!

Die Arbeitsbedingungen bilden den Rahmen, in dem Sie Ihre Aufgaben mehr oder weniger gut erfüllen können. Im Vorstellungsgespräch stehen Ihre Fragen nach den Arbeitsbedingungen sicherlich nicht im Vordergrund. Aber Sie sollten in Erfahrung bringen, wie die Rahmenbedingungen im Unternehmen aussehen und ob Sie damit leben und arbeiten könnten. Durch den demografischen Wandel müssen sich Arbeitgeber bei der Gestaltung der Arbeitsbedingungen zunehmend etwas einfallen lassen. Gefragte Fach- und Führungskräfte arbeiten nicht mehr in Unternehmen, die mit starren Arbeitsbedingungen die Balance zwischen Privatleben und Arbeitsleben verunmöglichen. Das belegen zahlreiche Umfragen.
Deshalb messen sich immer mehr Arbeitgeber in Arbeitgeberwettbewerben, in denen es u.a. darum geht, die Personalpolitik – und damit die Arbeitnehmerfreundlichkeit eines Unternehmens – anhand unterschiedlicher Kriterien

zu bewerten. Solche Kriterien sind etwa: Vereinbarkeit von Berufs- und Familienleben, betriebliches Gesundheitsmanagement, differenzierte Arbeitszeitmodelle.

Relevante Kriterien

Überlegen Sie, was Ihnen bei Ihren Arbeitsbedingungen wichtig ist, z. B.:

- eine flexible Arbeitszeitregelung,
- eine Überstundenregelung,
- die Möglichkeit, im Homeoffice zu arbeiten,
- firmeneigene Kindertagesstätte,
- gesundes Kantinenessen.

Ihre Anliegen am besten zum Schluss.

Tipp

Stellen Sie Fragen, die vorwiegend Ihren eigenen Nutzen betreffen, erst gegen Ende des Vorstellungsgesprächs. Sonst erwecken Sie den Eindruck, dass Sie nur auf Ihren Vorteil bedacht sind und kaum bereit sind, Ihre Arbeitskraft in den Dienst des Unternehmens zu stellen.

Formulierungsvarianten der Frage

- Besteht die Möglichkeit, im Homeoffice zu arbeiten?
- Haben Sie eine Überstundenregelung?
- Wie sieht es mit Geschäftsreisen aus?

Gut vorbereitet – gerade auf Unvorhersehbares.

Jeder kennt die verflixte Situation, wenn vor oder in einem wichtigen Termin plötzlich unvorhergesehene Dinge passieren: Ein Stau stellt die pünktliche Ankunft infrage, der USB-Datenstick mit Ihrer Präsentation ist plötzlich nicht zu finden, Ihnen fällt auf eine Frage partout keine Antwort ein usw. Deshalb lohnt es sich, Unvorhergesehenes einzuplanen. Im Folgenden werden 15 heikle Situationen, die vor und/oder während eines Vorstellungsgesprächs auftreten können, beschrieben. Überlegen Sie, wie Sie sich verhalten würden.

Situationen vor Gesprächsbeginn

Sie stehen im Stau und werden auf keinen Fall pünktlich erscheinen können.

Rechtzeitig los. Lieber vor Ort warten, als zu spät sein.

Egal, wie Sie anreisen, Pünktlichkeit ist Pflicht. Wer zu spät zu einem Vorstellungstermin kommt, wirkt unzuverlässig. Da spielt es keine Rolle, ob die Bahn Verspätung hatte oder Sie durch einen Stau aufgehalten wurden. Gegen höhere Gewalt aber kommt man nicht an. Obwohl Sie alles bedacht haben, werden Sie es nicht schaffen. Was dann? Rufen Sie an!

Tipp **Sie kommen zu spät**

Anrufen – Sie haben Ihr Mobiltelefon dabei. Der Akku ist geladen, die Telefonnummer Ihres Gesprächspartners gespeichert. Rufen Sie an, sobald klar ist, dass Sie nicht mehr pünktlich ankommen können. Entschuldigen Sie sich und sagen Sie, wie spät es voraussichtlich werden wird. Stellen Sie Ihrem Gegenüber frei, den Termin zu verschieben.

Ein Gewitterregen hat Sie überrascht und ziemlich durchnässt. In zehn Minuten beginnt Ihr Vorstellungsgespräch.

3-fach souverän reagieren: den Schaden begrenzen,

Ob Gewitterregen, ein abgebrochener Absatz oder ein verschütteter Kaffee, alles können und müssen Sie nicht kontrollieren. Wo gelebt wird, passieren einfach Dinge, die man gerade gar nicht gebrauchen kann. Machen Sie das Beste daraus und begrenzen Sie den Schaden.

Tipp **Bei Malheurs**

humorvoll sein,

Schaden begrenzen – jetzt gilt es zu retten, was zu retten ist. Ihr Erscheinungsbild – die angemessene Kleidung und Ihr gepflegtes Äußeres – scheint durch, auch wenn Sie buchstäblich tropfnass sind. Stellen Sie vor dem Gespräch aber zumindest sicher, dass Ihre Haare und Hände so weit trocken sind, damit Sie nicht tropfen. Nutzen Sie dazu den Toilettenraum des Unternehmens und trocknen Sie sich mit Papiertüchern und/oder dem Heißlufttrockner, so gut es geht. Bei der Begrüßung sollten Sie Ihr Malheur gleich ansprechen und mit Humor nehmen: »Ich bin gerade ›ein wenig‹ nass geworden, aber das soll uns nicht daran hindern, ein gutes Gespräch zu führen.«

Sie haben eine Präsentation vorbereitet und merken kurz vor Gesprächsbeginn, dass Sie den USB-Datenstick zu Hause vergessen haben.

improvisieren.

Fehler passieren, besonders wenn man aufgeregt ist. Wenn Sie etwas vergessen haben, ob Arbeitsproben, Präsentationen oder andere Unterlagen, dann machen Sie das Beste daraus. Improvisieren Sie. Etwas anderes bleibt Ihnen sowieso nicht übrig.

Tipp **Sie haben etwas vergessen**

Das Beste draus machen, darauf kommt es an.

Improvisieren – seien Sie entwaffnend ehrlich. Sagen Sie, dass Sie Ihre digital vorbereitete Präsentation nicht dabei haben und rechtfertigen Sie sich auf keinen Fall dafür. Treten Sie selbstbewusst auf und präsentieren Sie frei, mithilfe eines Flipcharts, eines Whiteboards, mit Papier und Stift oder mit anderen Hilfsmitteln, die im Gesprächsraum vorhanden sind. Etwas vergessen zu haben, ist das eine; das kann vorkommen. Das Beste daraus zu machen, ist das andere, und darauf kommt es im Geschäftsleben häufig an.

Situationen im Gespräch

Sie dachten, angemessen gekleidet zu sein, und fühlen sich jetzt vollkommen over- oder underdressed.

Sie können nicht mit Sicherheit vorhersehen, wie Ihr Gegenüber gekleidet sein wird. Manchmal erlebt man da als Bewerber ganz schöne Überraschungen. Da haben Sie nach allen Regeln der Kunst ein Businessoutfit ausgewählt und fühlen sich für ein Vorstellungsgespräch in der Chefetage eines Mittelständlers korrekt gekleidet und Ihnen sitzen drei Geschäftsführer in Jeans und Hemd mit hochgekrempelten Ärmeln gegenüber. Oder Sie haben für den gewerblichen Bereich eine saubere Stoffhose mit Hemd gewählt und sitzen nun einem Handwerksmeister in Anzug mit Krawatte gegenüber. Auf der Basis eines einwandfreien Pflegezustands Ihrer Kleidung und Ihres Erscheinungsbilds sollten Sie das Beste aus der Ihnen unangemessen erscheinenden Garderobe machen.

Tipp **Unangemessene Kleidung**

Das Beste daraus machen – wenn Sie etwas nicht mehr ändern können, ist das der einzige Weg, um die Situation zu retten. Sprechen Sie eine Ihnen unangemessen

Entspannen Sie die Situation.

erscheinende Kleidung gleich zu Beginn des Gesprächs an, am Besten sofort bei der Begrüßung. Ansonsten sitzen Sie während des gesamten Vorstellungsgesprächs angespannt auf Ihrem Stuhl und fühlen sich unwohl. »Oh, ich habe das Gefühl, das meine Kleidung nicht so passend ist. Ich dachte, angemessen gekleidet zu sein.« Damit entspannen Sie die Situation. Und wer weiß, wahrscheinlich werden Sie vom Personaler hören, dass Ihre Garderobe sehr wohl passend ist für die Stelle, auf die Sie sich beworben haben.

- **Sie haben sich auf ein Interview vorbereitet und werden unerwartet zusätzlich mit mehreren Einstellungstests konfrontiert.**
In einem Vorstellungstermin geht es darum, Ihre Eignung für eine zu besetzende Stelle in einem Unternehmen zu prüfen. Dazu werden häufig neben dem klassischen Interview auch kleinere Einstellungstests eingesetzt, mit denen Ihre intellektuellen Fähigkeiten und/oder Ihre persönlichen Eigenschaften geprüft werden. Manchmal werden auch zusätzlich praktische Aufgaben verlangt, beispielsweise Arbeiten am Computer oder mit bestimmten Werkzeugen, um Ihre Fertigkeiten zu testen. Wenn Sie in einem Vorstellungstermin von zusätzlichen Tests überrascht werden sollten, gibt es kein Pardon, dann heißt es: durchziehen.

Tipp **Bei Einstellungstests**

Da müssen Sie durch.

Durchziehen – und zwar kommentarlos. Natürlich hätten Sie sich im Vorfeld des Vorstellungstermins besser informieren müssen. Aber das hilft Ihnen jetzt auch nicht weiter. Deshalb gilt in so einer Situation, mit unerschrockener Mine und ohne jeglichen Kommentar die Einstellungstests, so gut Sie können, zu absolvieren. Später im Job kommen häufig unerwartete Herausforderungen auf Sie zu, mit denen Sie souverän umgehen müssen. Hier können Sie zeigen, dass Sie das beherrschen.

Sie sitzen im Vorstellungsgespräch sechs Gesprächspartnern gegenüber. Sie hatten mit maximal zwei Personen gerechnet.

Nehmen Sie es als Wertschätzung.

Ein Gesprächspartner aus der Personalabteilung, möglicherweise ein weiterer Interviewer aus der Fachabteilung, das ist die Regel. Auf mehr als zwei Interviewpartner treffen Sie häufig bei gemeinnützigen Organisationen wie Stiftungen, Verbänden, Vereinen und auch in Stadtverwaltungen. Wenn Sie in einem Vorstellungsgespräch unerwartet auf mehr Gesprächspartner treffen, als Sie dachten, dann bleiben Sie am besten ruhig und konzentriert.
Sehen Sie das Aufgebot an Gesprächspartnern eher als Wertschätzung und Beleg für die Bedeutung des Vorstellungsgesprächs denn als Bedrohung an! Das Gespräch mit mehreren Interviewern ist zwar anstrengend, aber die Chance steigt auch, dass Sie zumindest einem der Gesprächspartner sympathisch sind.

Tipp **Bei vielen Interviewern**

Souverän bleiben – auch hier gilt, dass Sie sich im Vorfeld des Vorstellungstermins besser hätten informieren müssen, was genau auf Sie zukommt. Jetzt heißt es, alle Interviewer zu begrüßen, sich die Namen zu merken (notieren Sie sie auf Ihrem Notizblock) und auf die Fragen aller Gesprächspartner zu antworten.

Mit Blickrichtung zum Fenster sitzend, blendet Sie die Sonne so sehr, dass Sie die Augen schließen müssen.

Raus damit! Nicht runterschlucken!

Im Gespräch können verschiedene Störungen auftauchen, mit denen Sie spontan umgehen müssen. Die Sonnenstrahlen, die Sie blenden, oder ein trockener Hals, der Sie dauernd räuspern lässt, starke Kopfschmerzen, die Ihnen die Konzentration rauben oder ein dringendes Bedürfnis. Bei diesen und vergleichbaren Störungen, die Sie daran hindern, eine gute Selbstpräsentation abzuliefern, sollten Sie auf jeden Fall etwas sagen.

Ansonsten ist die Gefahr zu groß, dass Ihr Interviewpartner einen falschen Eindruck von Ihnen bekommt. Wer während des gesamten Gesprächs mit zusammengekniffenen Augen oder zusammengepressten Oberschenkeln auf seinem Stuhl sitzt, wirkt nicht souverän – sondern angespannt.

Tipp **Bei Störungen**

Etwas sagen – denn es bringt nichts, wenn Sie sich wegen störender Einflüsse im Vorstellungsgespräch schlecht präsentieren. Bitten Sie höflich darum, die Jalousien ein wenig zu schließen, oder darum, die Sitzposition zu verändern: »Entschuldigen Sie bitte, könnten wir die Jalousien schließen oder die Sitzposition ändern, die Sonne blendet mich sehr stark.«

Ein Vorstellungsgespräch ist ein Arbeitstermin.

- **Ihr Vorstellungstermin liegt in den Abendstunden. Ihr Gesprächspartner bietet Ihnen Wein als Getränk an.** Vorsicht – das ist eine Falle. Alle Angebote, in einem Vorstellungsgespräch alkoholische Getränke zu sich zu nehmen, zu rauchen oder gar auf unmoralische Angebote einzugehen, sind versteckte Fallen. Tappen Sie rein, sind Sie raus. Denken Sie immer daran, dass ein Vorstellungstermin ein Arbeitstermin ist. So, wie Sie sich hier verhalten, so werden Sie sich auch bei der Arbeit verhalten – das denkt jedenfalls Ihr Interviewer. Also lehnen Sie dankend ab.

Tipp **Bei tückischen Angeboten**

Ablehnen – bei der Arbeit haben Alkohol oder Ähnliches nichts zu suchen. Und ein Vorstellungsgespräch, egal zu welcher Tages- oder Nachtzeit, ist ein Arbeitsermin. Lehnen Sie deshalb höflich ab, z. B. mit den Worten: »Haben Sie vielen Dank. Zuerst möchte ich mich ganz auf unser Gespräch konzentrieren. Danach trinke ich gerne ein Glas von dem guten Hauswein.«

Nachhaken – aber es sieht nicht gut aus für Sie.

Der Interviewer signalisiert Ihnen bereits nach zehn Minuten, dass das Gespräch jetzt zu Ende ist.
Manchmal kann es schnell gehen – erfahrungsgemäß mit einer Entscheidung gegen einen Bewerber. Wenn Sie über die kurze Dauer eines Vorstellungsgespräch oder über andere Dinge im Gesprächsverlauf verwundert sind, sollten Sie nachhaken. Das gilt besonders dann, wenn Sie für den Vorstellungstermin eine weite Anreise in Kauf genommen haben. Stellen Sie sich einmal vor, Sie fliegen von Hamburg für ein Vorstellungsgespräch nach München und werden nach nur zehn Minuten nach Hause geschickt. Da entstünde bei Ihnen ein schlechter Eindruck von dem einladenden Unternehmen. Es ist daher ein Gebot der Höflichkeit seitens des Unternehmens, dass man einem Bewerber entsprechend seinem Aufwand Aufmerksamkeit entgegenbringt.

Tipp **Wenn Sie verwundert sind**

Nachhaken – wenn Sie über etwas verwundert sind, dann sagen Sie das ruhig: »Jetzt bin ich ein wenig verwundert, dass unser Gespräch lediglich zehn Minuten gedauert hat. Haben Sie keine weiteren Fragen oder kein Interesse an meinen Fragen an Sie?«. Wenn Ihr Gesprächspartner darauf mit Nein antwortet, können Sie noch nachfragen, wie Sie verbleiben und was der nächste Schritt sein wird. Erfahrungsgemäß ist ein sehr kurzes Gespräch allerdings ein Zeichen dafür, dass man Sie für die zu besetzende Stelle nicht für geeignet hält.

Sie hatten sich auf ein einstündiges Vorstellungsgespräch eingestellt. Mittlerweile sind zwei Stunden vergangen.
Wenn Sie an einem Arbeitsvertrag interessiert sind, dann gibt es keinen Grund dafür, den Interviewer darauf hinzuweisen, dass Ihnen das Gespräch allmählich zu lange dauert. Im Gegenteil! Länger dauernde Gespräch zeugen von Sympathie und Passung. Also ein Grund zur Freude!

Es ist zwar anstrengend, über mehr als 90 Minuten die Konzentration aufrecht zu erhalten. Aber durch Ihre gute Vorbereitung auf das Vorstellungsgespräch sind Sie auch dafür gut gewappnet!

Tipp **Wenn es lange dauert**

Dabei bleiben – es sieht gut aus für Sie.

Sich freuen – dauert ein Vorstellungsgespräch länger als geplant, ist das aller Erfahrung nach ein Zeichen dafür, dass Ihr Gesprächspartner großes Interesse an Ihnen hat. Sollten Sie zu eng terminiert haben und ein Folgetermin wartet, lassen Sie ihn warten! Jetzt gibt es nichts Wichtigeres, als das Vorstellungsgespräch und den Arbeitsvertrag. Ein Vorstellungsgespräch vorzeitig zu beenden, wäre nicht nur unhöflich, sondern auch dumm – wenn Sie den Arbeitsvertrag wirklich wollen.

Flucht nach vorn zeugt von Selbstbewusstsein.

- **Auf eine Frage fällt Ihnen partout keine Antwort ein.** Besonders Interviewer aus Fachabteilungen stellen häufig sehr präzise fachliche Fragen, die über das Wissen eines Bewerbers hinausgehen können. Aber keine Sorge, kein Mensch ist allwissend. Sie brauchen sich nicht damit unter Druck zu setzen, auf jede Frage eine Antwort parat zu haben. Wenn Sie im Vorstellungsgespräch von einer Frage überrascht werden, dann ist das Beste, Sie geben es unumwunden zu. Die Flucht nach vorn zeugt von Selbstbewusstsein. Denn wer sich seiner selbst bewusst ist, weiß, dass er nicht alles wissen kann. Und wer weiß, dass er nicht alles weiß, weiß auf jeden Fall, dass er weiter lernen muss. Unternehmen brauchen solche Mitarbeiter.

Tipp **Sie haben keine Antwort**

Flucht nach vorn – sagen Sie genau das: »Das ist eine gute Frage, darauf habe ich keine Antwort.« Es bringt wenig, wenn Sie sich im Kreis drehen und so tun, als ob Sie eine Antwort wüssten. Ehrlich währt am längsten.

Damit kann jeder Personaler etwas anfangen. Je nach Frage können Sie natürlich signalisieren, dass Sie daran interessiert sind, eine Antwort auf die Frage herauszufinden. Und dass Sie wissen, wie das geht.

Bei einer Frage hakt Ihr Gesprächspartner nun schon zum vierten Mal nach.

Sie werden gelöchert. Wie wärs mit einer Gegenfrage?

Hakt ein Interviewer bei einem bestimmten Thema penetrant nach, kann das verschiedene Gründe haben: Er will provozieren, er hat etwas noch nicht verstanden oder er bemerkt, dass Sie etwas verheimlichen wollen. So oder so, auf jeden Fall ist es unangenehm für einen Bewerber, gelöchert, vielleicht sogar in die Enge getrieben zu werden. Hier heißt es: Ruhe bewahren und überlegen, aus welchem Grund Ihr Gesprächspartner so penetrant nachhakt. Vielleicht hat dies ja einen ganz einfachen Grund? Sie müssen nicht gleich das Schlimmste vermuten. Fragen Sie bei Ihrem Interviewpartner nach!

Tipp **Bei penetrantem Fragen**

Überlegen – wollen Sie etwas verheimlichen oder können Sie etwas nicht präzise ausdrücken? Ein weiterer Grund für penetrantes Nachhaken könnte sein, dass der Personalverantwortliche Sie provozieren will. Wenn Sie also weder unpräzise in Ihrer Ausdrucksweise sind noch etwas verheimlichen wollen, dann bewahren Sie ruhig Blut und fragen zurück: »Ich habe das Gefühl, dass ich mich noch nicht präzise genug ausgedrückt habe; welcher Teil meiner Antwort ist noch unverständlich für Sie?«

Sie fühlen sich durch die Frage Ihres Gesprächspartners provoziert.

Personalentscheider müssen die eine oder andere provokative Frage stellen, mit der sie Bewerber aus der Reserve locken können. Das ist ihre Arbeit. Manche Interviewer übertreiben es damit allerdings. Und so mancher Gesprächspartner glaubt, möglichst viele Suggestivfragen stellen zu müssen, um etwas über Sie zu erfahren. Fragen, mit denen Ihnen Ihr Gesprächspartner etwas unterstellt, schaffen eine gereizte Gesprächsatmosphäre. Prüfen Sie, was genau Sie provoziert, und zeigen Sie Verständnis für die Fragetechnik Ihres Gesprächspartners.

Tipp **Bei offener Provokation**

Wollen Sie wirklich in einem Unternehmen, das so ...

Verständnis zeigen – ein Personalverantwortlicher muss seine Arbeit machen, und dazu gehören auch provozierende Fragen. Also bleiben Sie ruhig und antworten weiterhin gelassen. Wenn Sie aber das Gefühl haben, dass es Ihr Gegenüber darauf anlegt, Sie in die Enge zu treiben, und es Ihnen zu bunt wird, können Sie sagen: »Ich weiß schon, dass Sie auch nur Ihre Arbeit machen, aber jetzt stellen Sie mir schon zum fünften Mal eine Suggestivfrage. Wie sollte ich Ihrer Meinung nach darauf reagieren?« Und dann überlegen Sie, ob Sie überhaupt in einem Unternehmen arbeiten wollen, in dem offensichtlich eine vergiftete Kommunikationskultur herrscht.

- **Ihr Gesprächspartner stellt Ihnen bereits die dritte unzulässige Frage zu Ihrem Privatleben.**
Natürlich wollen Personaler im Vorstellungsgespräch möglichst viel über den potenziellen Mitarbeiter erfahren. Allerdings gibt es gesetzlich festgelegte Grenzen der Neugier. Durch Ihre Vorbereitung auf den Vorstellungstermin wissen Sie, welche Fragen einem Personaler erlaubt sind und welche nicht. Wenn Sie von einem besonders indiskreten Interviewer überrascht werden, dann sollten Sie abwägen, wie Sie reagieren.

Tipp **Bei unzulässigen Fragen**

... oder so mit Ihnen umgeht, arbeiten?

Abwägen – unzulässige Fragen können ärgerlich sein. Sie haben ein »Recht zur Lüge«, wenn Ihnen eine ehrliche Antwort schaden würde. Allerdings gibt es keinen Grund, auf die eine oder andere unerlaubte Frage nicht einfach ehrlich zu antworten. Wenn Sie jedoch das Gefühl haben, dass Ihr Interviewer unangenehm indiskret wird, sollten Sie sich überlegen, ob das Unternehmen ein geeigneter Arbeitgeber für Sie wäre.

Situationen bei Gesprächsende

Das Vorstellungsgespräch geht zu Ende, und Sie konnten noch keine einzige Frage stellen.

Wenigstens eine Frage sollte es schon sein.

Ein professioneller Personalentscheider ist an Ihren Fragen interessiert. Dennoch passiert es zuweilen, dass Sie mit Ihren eigenen Fragen nicht zum Zuge kommen und das Ende des Gespräches naht. Wenn Sie davon überrascht werden, sollten Sie sich zumindest zu einer Frage durchringen.

Tipp **Um eigene Fragen zu stellen**

Fragen Sie – zumindest zum Schluss, ob es noch die Möglichkeit gibt, eigene Fragen zu stellen, oder ob es ein Zweitgespräch geben wird. Vielleicht aber wurden auch alle Ihre offenen Punkte im Gespräch gestreift und geklärt. Dann bedanken Sie sich zum Ende des Gesprächs für den interessanten und aufschlussreichen Austausch, in dem all Ihre Fragen beantwortet wurden.

Das Gesprächsende und die Verabschiedung per Handschlag nahen. Sie merken, dass Sie ganz feuchte Hände haben.

Nonverbale Signale finden besondere Beachtung.

Die nonverbalen Signale, die ein Bewerber sendet, spielen bei der Bewertung des Personalverantwortlichen eine extrem wichtige Rolle. Bei riskanten Entscheidungen wie der Personalauswahl werden sie sogar höher bewertet als manche verbale Ausführung. Der Grund dafür: Ein Bewerber hat auf das, was er sagt, einen größeren Einfluss als auf das, was er zeigt. Das gilt im gesamten Gespräch, für den Absatz Ihrer Schuhe ebenso wie für den Zustand Ihrer Zähne oder eben für feuchte Hände. Trocknen Sie deshalb Ihre rechte Hand unauffällig ab.

Tipp **Bei Handschweiß**

Hand trocknen – denn Schwitzen ist ein Zeichen von Nervosität und Unsicherheit. Einen feuchten Handschlag als letzten Eindruck im Vorstellungsgespräch zu hinterlassen, ist deshalb ungünstig. Und unnötig. Trocknen Sie Ihre feuchte Hand – noch im Sitzen – in Ihrer Hosentasche ab. Und dann sagen Sie »Danke« und »Auf Wiedersehen«.

Die 10 häufigsten Fehler

Ein Vorstellungsgespräch ist eine Arbeitsprobe.

In einem Vorstellungsgespräch geht es darum, sich selbst kompetent zu präsentieren. Dabei stellt die Selbstpräsentation, nach den Bewerbungsunterlagen, die zweite Arbeitsprobe dar, aus der ein Personalverantwortlicher schließen kann, wie sich ein Bewerber wohl als Mitarbeiter verhalten wird. Wird er als Mitarbeiter zuverlässig, motiviert und ehrlich sein? Passen der Kleidungsstil und die Umgangsformen zum Unternehmen und zur Position? Wird er vorbereitet zur Arbeit erscheinen? Und schätzt er seine Stärken und Schwächen realistisch ein?
Fragt man Personalverantwortliche nach typischen Fehlern von Bewerbern im Vorstellungsgespräch, tauchen einige Antworten immer wieder auf. Nutzen Sie dieses Wissen und vermeiden Sie damit die folgenden zehn Kardinalfehler.

Fehler 1: Unpünktlichkeit

Erscheinen Sie unbedingt pünktlich zum Gespräch!

Kalkulieren Sie die Anreisezeit äußerst großzügig.

Wer zu spät zu einem so wichtigen Termin wie dem Vorstellungsgespräch erscheint, wirkt unzuverlässig. Und Unzuverlässigkeit ist in der Arbeitswelt nicht akzeptabel. Außerdem signalisiert Unpünktlichkeit fehlende Wertschätzung Ihrem Gesprächspartner gegenüber, der sich die Zeit für Sie eingeplant hat. Die meisten Arbeitgeber haben deshalb für unpünktliche Bewerber kein Verständnis. Mit einer guten Planung ist dieser Fehler jedoch leicht zu vermeiden. Kalkulieren Sie unbedingt ausreichend Pufferzeit für Unvorhergesehenes ein.

Fehler 2: unangemessenes Erscheinungsbild

Gehen Sie angemessen gekleidet und mit gepflegtem Erscheinungsbild ins Gespräch!

Auch Ihr Äußeres muss überzeugen.

In einem Vorstellungsgespräch wirken Sie mit Ihrem gesamten Erscheinungsbild auf den Gesprächspartner. Wer unangemessen gekleidet ist oder ungepflegt auftritt, hat keine Chance, den Interviewer von sich zu überzeugen. Beachten Sie unbedingt den Dresscode des potenziellen Arbeitgebers, achten Sie auf ein gepflegtes Erscheinungsbild – vom Pflegezustand Ihrer Kleidung bis zu den Haarspitzen – und berücksichtigen Sie auch die Umgangsformen und Gepflogenheiten, die in der jeweiligen Branche herrschen.

Fehler 3: unvorbereitet sein

Erscheinen Sie vorbereitet zum Gespräch!

Präsentieren Sie sich topmotiviert.

Der Erfolg eines Unternehmens hängt von der Motivation seiner Mitarbeiter ab. Ein Bewerber, der unvorbereitet zu einem Vorstellungsgespräch kommt, wirkt desinteressiert und unmotiviert. Das ist ein absolutes K.-o.-Kriterium. Zu einer guten Vorbereitung gehört es, sich intensiv über das Unternehmen und die Stellenanforderungen informiert zu haben. Dann haben Sie auch eine Antwort auf die Frage, warum Sie gerade in diesem Unternehmen arbeiten wollen.

Fehler 4: unklare Stelleneinschätzung

Informieren Sie sich über die Stellenanforderungen!

Präsentieren Sie sich topinformiert.

Eine der wichtigsten Fragen im Vorstellungsgespräch lautet: »Was qualifiziert gerade Sie für diese Stelle?« Wer hier keine klare Vorstellung hat, verliert. Bewerber müssen präzise formulieren können, welche Stärken sie für die zu besetzende Stelle mitbringen. Setzen Sie sich vor dem Gespräch intensiv mit dem Stellenprofil auseinander und fragen Sie sich, welche fachlichen, methodischen und sozialen Kompetenzen Sie für die beschriebenen Anforderungen mitbringen.

Fehler 5: Verheimlichungen und Lügen

Achten Sie auf Ihre Glaubwürdigkeit!

Beschönigen ja, vertuschen nein.

Lügen haben kurze Beine. Personalentscheider erkennen erfahrungsgemäß schnell, wenn Bewerber lügen oder versuchen, etwas zu verheimlichen. Sei es im Gespräch selbst, da die Körpersprache den Bewerber verrät. Oder aufgrund von Informationen, die ein Personalentscheider durch seine Recherchen im Internet vorliegen hat. Wer beim Lügen erwischt wird, hat seine Glaubwürdigkeit und damit das Vertrauen verspielt, das die Voraussetzung für jedes Arbeitsverhältnis darstellt. Bleiben Sie deshalb bei der Wahrheit. Beschönigen Sie etwaige Lücken oder andere Punkte in Ihrem Lebenslauf moderat, aber vertuschen Sie sie nicht.

Fehler 6: ungehaltene Antworten auf provozierende Fragen

Lassen Sie sich nicht provozieren!

Wer sich aus der Reserve locken lässt, verliert.

Im Arbeitsleben geht es nicht immer harmonisch zu. Wer sich bei der Arbeit durch kritische Anmerkungen oder Sticheleien seiner Kollegen sofort aus der Reserve locken lässt und aggressiv reagiert, verliert. Ein Personalentscheider simuliert diese Realität der Arbeitswelt häufig durch einige provozierende Fragen im Vorstellungsgespräch. Wer hier sofort ungehalten antwortet, disqualifiziert sich. Bleiben Sie ruhig und antworten Sie gelassen auf entsprechende Fragen. Im Zweifel können Sie auch nachfragen, wie die Frage des Interviewers zu verstehen ist.

Fehler 7: unrealistische Selbsteinschätzung

Schätzen Sie sich realistisch ein!

Prahlerei: unattraktiv. Licht unterm Scheffel: auch unattraktiv.

Arbeitgeber schätzen Mitarbeiter, die wissen, was sie können und was nicht, und die ihre Stärken und Schwächen auch mitteilen können. Wer zu Prahlerei und Überheblichkeit neigt, ist genauso unattraktativ wie derjenige, der sein Licht unter den Scheffel stellt. Auf die Standardfragen nach Ihren Stärken und Schwächen, Erfolgen und Misserfolgen sowie nach Ihren Eigenschaften sollten Sie eine realistische und selbstbewusste Antwort vorbereitet haben. Selbstbewusst bedeutet, dass Sie sowohl zu Ihren Stärken als auch zu Ihren Schwächen stehen.

Fehler 8: unrealistische Gehaltsforderungen

Informieren Sie sich über marktübliche Gehälter!

Bleiben Sie auf dem Teppich.

Überzogene Gehaltsforderungen können einem potenziellen Arbeitgeber zweierlei signalisieren: erstens, dass der Bewerber seinen Nutzen für das Unternehmen überschätzt, und zweitens, dass er hauptsächlich an seinem eigenen Vorteil interessiert ist. Die Themen Firmenwagen und Spesenabrechnungen sowie Detailforderungen haben im ersten Vorstellungsgespräch nichts zu suchen. Informieren Sie sich vorab über branchen- und positionsübliche Gehälter.

Fehler 9: Illoyalität

Achten Sie jederzeit auf Loyalität!

Bleiben Sie sachlich und loyal.

Bewerber, die schlecht über vorige Arbeitgeber, Vorgesetzte oder Kollegen reden, werden nicht eingestellt. Illoyalität ist ein absolutes K.-o.-Kriterium. Denn wer heute schlecht über die einen spricht, wird morgen schlecht über die anderen reden. Außerdem ist es schwierig, mit Menschen in einem Team zusammenzuarbeiten, die schlecht über andere reden. Bleiben Sie zu jeder Zeit loyal gegenüber anderen. Im Vorstellungsgespräch geht es um Ihre Stärken und nicht um die Schwächen anderer. Lassen Sie sich von Fangfragen eines Personalentscheiders nicht aufs Glatteis führen.

Fehler 10: sich zu früh freuen

Bleiben Sie bis zum Schluss konzentriert!

Machen Sie Eindruck. Bis zum Schluss.

Das Vorstellungsgespräch ist gut verlaufen. Sie sind sich ziemlich sicher, dass Sie den Job bekommen werden. Die Anspannung fällt ab und Ihnen rutscht eine unangemessene Bemerkung heraus, oder Sie antworten auf eine vermeintlich nebensächliche, letzte Frage Ihres Interviewers unkonzentriert und flapsig. Zerstören Sie im letzten Moment nicht den guten Eindruck, den man von Ihnen gewonnen hat. Bleiben Sie konzentriert, bis Sie das Firmengelände verlassen haben.